U0368013

本书中研究内容的开展得到了以下基金项目资助：
宁夏自然科学基金（2020AAC03247、2023AAC03260）、北方民族大学中央高校基金科研业务费专项资金（2021KJCX10），北方民族大学校级一流本科水利水电工程专业建设（2023）、北方民族大学科学计算与工程应用创新团队（2022PT_S02）、学院重点专业建设（2023）经费，国家“十二五”科技支撑计划课题（2013BAC02B05）

JUNLIE JIANTU SHUIYAN YUNYI JI
TIAOKONG MOSHI YANJIU

龟裂碱土水盐运移及调控模式研究

杨　军／著

黄河出版传媒集团
阳　光　出　版　社

图书在版编目（CIP）数据

龟裂碱土水盐运移及调控模式研究 / 杨军著. -- 银川：阳光出版社, 2023.8
ISBN 978-7-5525-6953-7

Ⅰ. ①龟… Ⅱ. ①杨… Ⅲ. ①盐碱土改良－研究－银川 Ⅳ. ①S156.4

中国国家版本馆CIP数据核字(2023)第149457号

龟裂碱土水盐运移及调控模式研究　　杨　军　著

责任编辑　马　晖
封面设计　赵　倩
责任印制　岳建宁

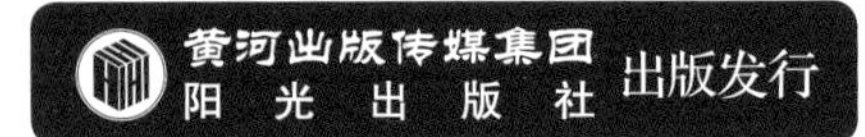

出 版 人　薛文斌
地　　址　宁夏银川市北京东路139号出版大厦（750001）
网　　址　http：//www.ygchbs.com
网上书店　http：//shop129132959.taobao.com
电子信箱　yangguangchubanshe@163.com
邮购电话　0951-5014139
经　　销　全国新华书店
印刷装订　宁夏银报智能印刷科技有限公司
印刷委托书号　（宁）0026797

开　本　880 mm × 1230 mm　1/16
印　张　10
字　数　160千字
版　次　2023年8月第1版
印　次　2023年10月第1次印刷
书　号　ISBN 978-7-5525-6953-7
定　价　68.00元

摘　要

针对宁夏银北龟裂碱土渗透性差、单盐毒害突出、质地坚硬和改良利用难等问题，通过分析龟裂碱土的理化性质、地下水埋深与矿化度等主要影响因素，采用灌溉淋洗以及施用脱硫石膏、糠醛渣等措施，研究龟裂碱土盐分离子迁移转化规律以及对作物生长发育的影响，提出龟裂碱土水盐调控模式，为宁夏盐碱土改良及水盐调控提供理论依据。主要研究结论如下：

1. 通过对龟裂碱土原土全盐、碱化度、pH 和土壤含水率进行监测，数据表明：土层 0~100 cm 土壤盐分离子以 Na^{+}、Cl^{-}、SO_4^{2-}和 HCO_3^{-}为主；全盐大于 3 g/kg，碱化度大于 30%，pH 大于 9，土层 0~60 cm 土壤全盐和碱化度波动较大；土壤含水率由地表到地下逐渐增加；地下水埋深平均为 1.42 m，地下水矿化度平均为 2.27 g/L。

2. 试验研究表明：采用淋洗定额 4 500 m^3/hm^2、深松深度 60 cm、施用脱硫石膏 28 t/hm^2 和糠醛渣 22.5 t/hm^2 改良龟裂碱土效果最佳，土层 0~40 cm 土壤 pH、碱化度和全盐分别下降了 20.9%、72.7%和 70.7%；土层 0~20 cm 土壤 Na^{+}、Cl^{-}和 SO_4^{2-}分别下降了 59.3%、85.6%和 63.6%。

3. 试验研究表明：采用淋洗定额 4 500 m^3/hm^2、施用脱硫石膏 28 t/hm^2、深松深度 60 cm 和暗沟间距 10 m 改良龟裂碱土效果最佳，与 CK1 相比，第 1 年土层 0~40 cm 土壤全盐、碱化度和 pH 分别降低了 41.1%、62.6%和

12.1%，第 3 年分别降低了 79.5%、84.0%和 15.3%。

4. 试验研究表明：与 CK 相比，采用淋洗定额 4 500 m^3/hm^2、施用脱硫石膏 28 t/hm^2、糠醛渣 22.5 t/hm^2、黄沙 120 m^3/hm^2、深松深度 60 cm 和暗沟间距 10 m 综合措施第 1 年土层 0~40 cm 土壤全盐和碱化度分别下降了 48.4%和 72.9%，第 3 年分别下降了 85.0%和 90.6%；土壤 Na^+、Cl^-和 SO_4^{2-}第 1 年分别下降了 91.7%、93.7%和 89.9%，第 3 年分别下降了 98.4%、99.1%和 98.2%。

5. 采用淋洗定额 4 500 m^3/hm^2、施用脱硫石膏 28 t/hm^2、糠醛渣 22.5 t/hm^2、黄沙 120 m^3/hm^2、深松深度 60 cm 和暗沟间距 10 m 综合措施改良龟裂碱土油葵产量最高，第 1 年油葵产量为 3 391.1 kg/hm^2，第 3 年比第 1 年增加了 22.7%。

通过 3 年的试验研究，提出龟裂碱土砾石暗沟排盐技术和相应的灌溉淋洗定额 4 500 m^3/hm^2、施用脱硫石膏 28 t/hm^2、糠醛渣 22.5 t/hm^2、黄沙 120 m^3/hm^2、砾石暗沟间距 10 m 和土壤深松深度 0.6 m，使第 3 年土壤全盐和碱化度分别下降 85.6%和 90.6%，土壤有害离子 Na^+、Cl^-和 SO_4^{2-}分别下降了 98.4%、99.1%和 98.2%；显著改善土壤的理化性质，增强土壤渗透率、持水量和脱盐脱碱率，为植物生长发育创造良好的土壤环境。由此提出了龟裂碱土需集改、排、防、治为一体的快速高效调控改良新模式，为同类区域盐碱土壤改良提供了理论依据。

关键词：龟裂碱土；水盐运移；全盐；碱化度；水盐调控模式

Abst ract: Takyric solonetz, a typical subclass of alkali soil, is widely distributed in the north of Yinchuan Plain of Ningxia Province in China. Due to the hard soil texture, poor permeability, salt toxicity prominent and difficult improvement, the takyric solonetz lands has become the main factor severely affecting the development of local agriculture. Takyric solonetz soil (Qianjin Farmland of Xidatan, Ningxia) was selected to conduct analysis physical and chemical properties of soil, groundwater depth and salinity. The effect of salt ions transfer, plant growth and yield has been found by measures of desulphurized gypsum, furfural residue and leaching. Salt-water regulation mode will provide the scientific basis for improving takyric solonetz farmlands and controling water salt in Ningxia. The main research results are as follows:

1. Field experiment was conducted to monitor the takric solonetz soil salinity, alkalinity, pH moisture. The results showed that: Soil mainly contains Na^+, Cl^-, SO_4^{2-} and HCO_3^- at 0~100 cm depth; Salinity more 3 g/kg, alkalinity more 30%, pH more 9; Alkalinity and salt content at the 0~60 cm depth varied greatly among seasons; Soil moisture content gradually increased from the top soil layer (0 cm) to the deep soil layer (100 cm).

2. The results showed that: The effect of leaching, gypsum and furfural residue on soil alkalinity, pH, alkalinity, salinity and salt ions in takyric solonetz land, soil pH, total salinity, alkalinity and salt ions were significantly reduced in the soil of layer 0~40 cm under the leaching water volume of 4 500 m^3/hm^2, loosened to 60 cm , gypsum 28 t/hm^2 and furfural residue 22.5 t/hm^2. The pH, alkalinity and salinity of soil decreased by 20.9% , 72.7% and 70.7% respectively. Na^+, Cl^- and SO_4^{2-} of soil decreased by 59.3%, 85.6% and 63.6%.

3. The results showed that: Soil pH, total salinity, alkalinity and salt ions were significantly reduced in the soil of layer 0-40 cm under the leaching water volume of 4 500 m^3/hm^2, loosened to 60 cm, gypsum 28 t/hm^2, 10 m distance of gravel culvert significantly. The soil total salinity, alkalinity and pH value in 0~40 cm soil layer significantly decreased by 41.1%, 62.6% and 12.1% respectively

under CK in the first year. In the third year, decreased by 79.5%, 84.0% and 15.3% respectively compared to CK.

4. The results showed that: Compared to CK, the soil salinity and alkalinity in 0~40 cm soil layer significantly decreased by 48.4% and 72.9% under the leaching water volume of 4 500 m^3/hm^2, loosened to 60 cm, gypsum 28 t/hm^2, furfural residue of 22.5 t/hm^2, desert sand 120 m^3/hm^2 and 10 m distance of gravel culvert in the first year, decreased by 85.0% and 90.6% respectively in the third year. Na^+, Cl^- and SO_4^{2-} of soil decreased by 98.4%, 99.1% and 98.2%.

5. The yield of sunflower was significantly increased in the soil of layer 0~40 cm under the leaching water volume of 4 500 m^3/hm^2, loosened to 60 cm, gypsum 28 t/hm^2, furfural residue of 22.5 t/hm^2, desert sand 120 m^3/hm^2 and 10 m distance of gravel culvert. The sunflower yield was 3 391.1 kg/hm^2, In the third year, increased by 22.7% compared to in the first year.

Throung a three-year field trial the soil salinity and alkalinity in 0~40 cm soil layer significantly decreased by 85.6% and 90.6% under the leaching water volume of 4 500 m^3/hm^2, loosened to 60 cm, gypsum 28 t/hm^2, furfural residue of 22.5 t/hm^2, desert sand 120 m^3/hm^2 and 10 m distance of gravel culvert in the third year. Na^+, Cl^- and SO_4^{2-} of soil decreased by 98.4%, 99.1% and 98.2%. In addition, this measure was benefit to improving soil environment, increasing soil permeability, water hold capacity, desalination rate and boosting plant growth. These results will also provide a technical support for the salt-water management of the newly reclaimed takyric solonetz farmlands.

Key words: Taryric solonetz land, Salt-water transportion, Salinity, Alkalinity, Salt-water regulation modes

目　录

CONTENTS

第 1 章　绪　论

1.1　研究背景及研究的意义

盐碱土在地球陆地上分布广泛，主要集中在欧亚大陆、非洲和美洲西部，面积约为 10 亿 hm^2，约占陆地总面积的 25% [1-3]，是一种重要的土地资源，其中碱化土壤和碱土约占 60% [1]。中国盐碱土约为 0.27 亿 hm^2，其中盐碱耕地 0.06 亿 hm^2、盐碱荒地 0.21 亿 hm^2，每年以 1%的速度增加，主要分布在西北、东北、华北和长江沿海地带，西部盐碱地约为 0.17 亿 hm^2。龟裂碱土主要分布在宁夏银川北部、甘肃河西走廊、新疆北疆草原与荒漠地带、东北吉林和内蒙古河套平原西部，具有不良的理化性质 [4]。与盐土相比，碱土的改良更为困难，且效果不明显，是世界性难题，是一项长期、系统的工程。由于中国耕地有限，人口众多，盐碱地是我国最后一块肥土，开发利用中国最大的土地后备资源——盐碱土，对于确保中国土地安全、粮食安全和实现土地可持续发展具有重要的作用。

宁夏银川平原位于黄河上游的河套灌区，是我国重要的商品粮基地，土壤盐碱化一直是制约该地区农业发展的重要因素之一。目前，宁夏引黄灌区耕地 44.1 万 hm^2，盐碱化耕地 14.8 万 hm^2（占灌区总耕地的 33.6%），其中，轻度盐碱化耕地 9.4 万 hm^2（占灌区总耕地的 21.3%）、中度盐碱化耕地 3.4 万 hm^2（占灌区总耕地的 7.7%）、重度盐碱化耕地 2.0 万 hm^2（占灌区总耕地的4.5%）[1]。龟裂碱土在宁夏主要分布在银川北部平罗县、西大滩的前进农场和潮湖农场、陶乐县和贺兰山东麓，面积共30余万 hm^2 [5]。碱土和碱化土壤低产，含有大量的交换性钠，土壤理化性质恶劣，容重高、渗透性差、毛管作用强、土温低、碱性强，对作物毒害大，主要表现[6]：① 影响作物正常吸收养分；② 引起作物的生理干旱；③ 伤害作物组织；④ 影响作物气孔关闭。由于宁夏龟裂碱土毗邻引黄灌区，大多都具备灌溉条件，开发潜力巨大，是宁夏重要的土地储备资源。

龟裂碱土主要分布在宁夏贺兰山东麓洪积扇边缘（106°24′209″E，38°50′289″N），年均降水量为205 mm，年均蒸发量为1 875 mm，气候属干旱的暖温带季风气候，地下水埋深为1.2 m左右。龟裂碱土质地黏重，土壤湿时泥泞不易透水，干时板结坚硬；土壤盐分类型以 Na_2SO_4 和 NaCl 为主，土壤pH平均为9.27，碱化度在22.90%以上，土壤贫瘠。虽然龟裂碱土理化性状不良，为低产田或撂荒地，但地势平坦、灌溉便利、改良技术比较成熟，具备较好的改良利用条件，改良利用潜力大。目前，宁夏银北西大滩龟裂碱土改良效果并不明显，究其原因，除了本身土壤特性难以改良外，主要因为没有完善的水盐调控方法和措施，导致对田间水盐调控动态把握不准，欠缺相关基础理论研究。因此，如何筛选和开发出适合新垦龟裂碱土的改良方法和水盐调控技术及措施，是实现龟裂碱土可持续发展的重要研究任务，也是决定改良盐碱地成败的关键和影响农业稳定发展的重要因素。

1.2　国内外研究现状分析

1.2.1　盐碱地改良措施研究现状

盐碱地和盐碱化土壤的固相、液相、气相和盐分离子比例失衡，导致土壤结构差，透水率和持水量小，对作物的出苗率、成活率、生长发育、产量、土壤可持续利用和粮食安全影响较大[7]。目前，世界各国学者对盐碱地成因、类型、水盐分布特征、改良措施等进行了大量研究，成果丰硕，改良效果显著，技术成熟 [8–10]。练国平等 [11] 详细阐述了河套灌区盐碱化的原因、特点及其影响因素，提出盐碱地改良利用的具体措施。概括前人对盐碱地改良措施主要有水利改良、物理改良、化学改良和生物改良，创造适合作物生长的水、盐、肥和气的良好土壤环境 [7]。水利、农业、物理和化学单项措施改良盐碱地研究如下：

（1）水利改良　水利改良的理念是淡水压盐、排水洗盐。在完善的灌排系统下，水利改良主要通过灌溉溶解、淋洗土壤盐分，使田间部分盐分排出土体，部分盐分运移到土层深处，降低土壤耕作层盐分。由于水资源短缺和水环境污染，节水灌溉和排水技术受到广泛重视，大水洗盐压盐技术受到限制。土壤发生次生盐碱化主要是灌溉不良和排水不畅所致，荷兰、日本主要应用暗管排水技术，排出盐碱水和降低地下水位 [12]。20 世纪 50 年代，在明沟排水技术发展的基础上，中国在田间进行了暗管和竖井排水排盐的效果研究 [13–14]，发现降低地下水埋深效果显著，为土壤次生盐碱化的防控起到重要作用，经济效益明显。近几年，在干旱半干旱地区，针对地势低洼、地下水水位浅的土地，专家提出了新排水方法——干排法。尤其在干旱半干旱地区，降水量少，蒸发量大，盐碱地治理的关键任务是调控地下水埋深达到临界深度以下，将土壤中的盐分尽可能多地排出土体，减少土壤盐分深层聚积，防控土壤盐分在蒸发下向表层返盐。农田排水工程施工基本上实现了机械化。王少丽等 [15] 对中国的农田排水技术的研究进行了详细的分析，探讨了排水沟（管）间距计算方法，并指出排水领域存在的问题和差距。王洪义等 [16] 发现铺设暗管能显著降低土壤含盐量，暗管埋设间距和埋深越小，土壤脱盐效率越高，建议暗管铺设间距 5 m、埋深 0.8 m 为宜。杨鹏年等 [17] 分析了干旱区地面灌与井灌条件下土壤水盐运移规律，并指出井灌会发生土壤碱化的风险及地下水矿化度的提高。王文焰等 [18] 提出计算排水沟间距的公式。黄国成等 [19] 根据地下水临界深度确定排水沟沟深和间距，对农田排水沟（暗管）间距计算编制了计算程序。瞿兴业等 [20] 根据地下水蒸发资料，用地下水动力学理论，提出蒸发下田间排水沟（管）间距计算方法。杨军等 [21] 提出改良利用龟裂碱土淋洗定额为 4 500 m^3/hm^2。樊丽琴等 [22] 研究了淋洗水质和水量对宁夏龟裂碱土水盐运移的影响，发现淋洗龟裂碱土农田排水显著降低土层 0~40 cm 土壤全盐和主要盐分离子。张蕾娜等 [23] 研究了新型土地复垦盐分冲洗定额为 4 390 m^3/hm^2。李法虎等 [24] 研究了暗管排水条件下土壤特性和作物产量的空间变异性分析，发现玉米生长指标和产量与土壤含水率呈正相关而与土壤含盐量呈负相关。张金龙等 [25] 研究了暗管排水间距对滨海盐土淋洗脱盐效果的影响，发现暗管间距为 3 m 土壤脱盐比较均一，效果最好，3 次淋洗后土层 0~100 cm 脱盐率为 70.93%~73.40%。张洁等 [26] 研究了暗管排水对大棚土壤次生盐渍化改良及番茄产量的影响，发现暗管埋深 70 cm、间距 8 m 能显著降低土壤电导率，增加土壤饱和导水率，提高番茄品质和产量。田玉福等 [27] 研究了在苏打草甸碱土上使用暗管改良，发现暗管埋深 0.8 m、间距 5 m 改良效果最好，第 3 年时土壤表层 pH 降到 8.0 以下，基本解决了苏打草甸碱土改良的难题。杨学良 [28] 研究了柴达木盆地内陆盐渍土的冲洗技术，提出冲洗定额和水量分配、冲洗时期和冲洗方法的冲洗淋盐技术。罗新正等 [29] 采用种稻洗盐的方法改良盐碱地，经过 5 年试验，发现土壤表层盐分含量由起初的 4.5%降到 0.15%，第 1 年水稻产量几乎为零，第 4 年为 4 250 kg/hm^2。总之，水利改良盐碱地的目的是排除土壤盐分并降低地下水埋深。

（2）物理改良　目前，物理改良的主要措施有激光平地、微区改土、土壤深耕晒垡、深松、客土抬高地形、黏土掺沙和添加秸秆等 [30]，主要目的是改善土壤物理结构和空气状况，提高土壤的渗透性，降低土壤耕作层盐分含量，为作物生长发育创造良好的土壤结构。王军等 [31] 研究了松嫩平原西部土地整理对盐渍化土壤的改良效果，发现土地整理能有效改良盐渍化土壤，降低土壤电导率、阳离子总量、阴离子总量、碱化度和 pH 。曲璐等 [32] 研究了苏打盐碱土改良应用振动深松技术的效果，发现此技术对苏打盐碱土的改土、增产效果显著，改善了牧草生长的土壤环境，提高了降水有效利用率。刘虎俊等 [33] 研究了深耕、客土等措施改良盐碱土壤，效果显著。杨军等 [34] 研究了龟裂碱土在土壤掺施黄沙 120 m^3/hm^2 和深松深度 60 cm 条件下，改善土壤质地组成，防止土壤返盐，洗盐改良效果显著；由此发现对土壤进行深耕和深松能破解土壤的碱化层，加快淋盐洗盐，防止返盐。刘长江等 [35] 研究了不同耕作方法对苏打盐碱化旱田土壤容重和作物产量的影响，发现深松对土壤紧实、容重较高的苏打碱土的改良利用效果极为显著，具有减少土壤水分蒸发、抑制盐分表面聚积、促进作物的根系发育和显著提高作物产量的作用。赵亚丽等 [36] 研究了不同耕作方式与秸秆还田对农田土壤呼吸和理化性状的影响，发现土壤深翻、深松和秸秆还田显著增加了土壤呼吸速率、土壤温度和土壤有机碳。胡振琪等 [37] 研究发现深耕对复垦土壤物理特性的改良效果显著，显著影响土壤容重和水分入渗率，深松深度80 cm 最有利于玉米的生长发育，产量显著增加。苏佩凤等 [38] 研究了深耕对土壤水分利用效率的影响，发现深耕具有蓄水保水、改善土壤物理性质、提高水分利用效率和提高作物产量的作用。张博等 [39] 研究了砂柱改良盐土的机理，发现砂柱的密度影响着土壤脱盐率和脱盐均匀度，提出最佳砂柱间距为 0.67 m。宋日权等 [40] 在室内研究了掺砂对土壤水分入渗和蒸发影响，发现随着掺砂量的增加，土壤含水率越高，抑制土壤蒸发越强。杜社妮等 [41] 研究了沙封覆膜种植孔促进盐碱地油葵生长，发现能显著提高油葵的出苗率、存活率和产量。姜洁等 [42] 总结了秸秆还田具有改善土壤物理性质，抑制水分蒸发，提高土壤的保蓄性、缓冲性和入渗淋盐等作用。曲学勇等 [43] 研究了秸秆还田对土壤水盐运移的影响和对小麦增产的效果，发现秸秆还田能减少土壤水分散失，减轻土壤盐分表面聚积，提高小麦产量。Cao 等 [44] 研究了盐碱地土壤加入稻草对土壤入渗和蒸发的影响，发现加入稻草能增加土壤水分入渗率，减少土壤蒸发量。王婧等 [45] 研究了地膜覆盖与秸秆深埋对河套灌区盐渍土水盐运动的影响，发现地膜覆盖与秸秆深埋措施能蓄水保墒、抑制积盐和增加土壤含水率。马晨 [46] 研究了沙柱在盐土改良中的效果，发现沙柱可以加快水分下渗速度、加速盐分流失、加快底层积盐的消失和抑制 pH 升高。

（3）化学改良　化学改良措施主要是针对碱化土壤和碱土，改良的主要原理是向土壤添加高价阳离子，置换出土壤胶体上的单价 Na^+，增加 Na^+的可移动性，将大量的 Na^+淋洗掉。目前化学改良剂主要有脱硫石膏、腐殖酸、磷石膏、硫酸铝等。国内外学者对脱硫石膏改良盐碱化土壤的用量、施用深度、改良原理、改良效果、对土壤的影响进行了深入研究，改良碱性土壤效果明显，并在田间大面积示范推广。脱硫石膏的主要成分是 $CaSO_4 \cdot 2H_2O$，用来改良盐碱地是对土地资源和生态环境的保护具有显著成效的双赢，Hilgard 和盖德洛依茨建立了脱硫石膏改良盐碱地原理的三个化学方程式，用在改良碱化土壤和碱土：

$$Na_2CO_3+CaSO_4=CaCO_3+Na_2SO_4$$

$$2NaHCO_3+CaSO_4=Ca(HCO_3)_2+Na_2SO_4$$

$$2Na^++CaSO_4=Ca^{2+}+Na_2SO_4$$

原理：脱硫石膏主要成分 $CaSO_4$ 中 Ca^{2+}代换碱化土壤胶体上的 Na^+，以及 Ca^{2+}和土壤中的 $NaHCO_3$ 和 Na_2CO_3 生成 $CaCO_3$、$Ca(HCO_3)_2$和 Na_2SO_4，Na_2SO_4 和土壤原有的 NaCl 被淋洗掉，土壤中的 Na^+减少，使钠质土变为钙质土。降低土壤的 pH 和碱化度，且消除 $NaHCO_3$ 和 Na_2CO_3 对作物的毒害。此三个化学方程式是学者、专家今后用脱硫石膏改良利用碱化土壤的理论依据。大量的田间试验和盆栽试验的研究，证实了脱硫石膏改良盐碱地效果显著。糠醛渣改良碱性土壤能创造阳离子交换环境，调节土壤 pH，改善土壤结构，增强土壤透水保水性和肥力。糠醛渣在碱性土壤中提供 H^+与金属离子进行交换，H^+与 OH^-生成 H_2O，使土壤碱性、pH 降低。

科夫达等 [47] 研究了脱硫石膏对苏打碱土的改良效果，发现脱硫石膏显著降低土壤 pH 和碱化度，提高作物产量。许多学者研究了采用改良剂脱硫石膏或糠醛渣改良碱化土壤的效果 [6]，发现脱硫石膏或糠醛渣降低土壤pH 和碱化度显著，提高土壤的持水量、渗透率和脱盐脱碱率。李焕珍等[48]、王荣华等 [49] 发现施用改良剂磷石膏，显著增加盐碱土壤微团聚体和渗透性，降低容重，对水稻和玉米增产效果显著。王宇等 [50] 研究了硫酸铝改良苏打盐碱土的效果，能改善土壤结构，土壤盐分组成显著变化。杨军等[21] 研究了龟裂碱土同施糠醛渣和脱硫石膏，能改善土壤的理化性质，显著降低土壤碱化度、pH，提高土壤渗透率、持水量，提高油葵产量；提出糠醛渣和脱硫石膏的用量分别为 22.5 t/hm^2 和 28 t/hm^2。张蕾娜等 [23] 进行了新型土地复垦基质配比室内盆栽试验研究，在糠醛渣与粉煤灰混合最佳配比比例为 5%~20%并在淋洗的条件下，发现土壤 pH、全盐显著降低，满足作物生长。肖国举等 [51-54] 全面研究了脱硫石膏施用时期、深度、施用方式和施用量，发现秋季施用较春季施用油葵出苗率和产量分别提高了 38.0%和 39.0%；脱硫石膏深施深度 25 cm 较浅施深度 10 cm 油葵出苗率提高 6.3%，产量提高 6.0%；旋耕较犁翻显著降低土壤碱化度、总碱度和 pH ，提高油葵出苗率和产量的效果较好；提出脱硫石膏改良碱化土壤种植水稻的施用量为2.8~3.1 kg/m^2；提出脱硫石膏改良碱化土壤种植枸杞的施用量为 2 400 kg/hm^2 和施用深度 60 cm。张俊华等 [55] 研究了同施脱硫石膏和专用改良剂改良龟裂碱土的效果，发现对土壤 pH、碱化度、容重、机械组成、有机质和养分、油葵产量的影响显著，为油葵的生长创造了良好的土壤环境。温国昌等 [56] 研究了草木樨与脱硫石膏对盐渍化土壤的改良培肥作用与效果，发现在春季灌溉洗盐土壤表层pH和电导率显著降低；种植草木樨显著降低土壤EC值和盐分离子含量，显著提高了土壤有机质和碱解氮含量，具有培肥作用。王金满等[57]研究了脱硫石膏改良碱化土壤对向日葵苗期的盐响应，发现脱硫石膏用量为7.5 t/hm^{2}和淋洗水量为1 200 m^3/hm^{2}改良碱化土壤效果最佳，向日葵出苗率达到了92.5%，ESP、pH和TDS分别由初始的63.5%、9.15%和0.65%降到了15%、7.7%和0.15%以下。许清涛等[58]进行了脱硫石膏改良碱化土壤的效果研究，研究结果表明，脱硫石膏能有效降低土壤的pH和提高向日葵的出苗率；提出脱硫石膏改良重度盐碱土施用量为33.75 t/hm^2，最有利于向日葵的出苗和生长发育。Chun等[59]、Sakai等[60]、Clark等[61]和Sims等[62]研究了脱硫石膏和粉煤灰改良盐碱地对土壤化学性质、土壤质量、玉米的产量和重金属含量的影响，发现脱硫石膏和粉煤灰改良盐碱地能显著改变土壤的理化性质，提高玉米产量，发现玉米重金属含量没有超标。王静等[63]研究了脱硫石膏对改良土壤、水稻产量和品质的影响，并对脱硫石膏改良土壤安全性进行了评价，结果表明，脱硫石膏显著降低了土壤的pH、碱化度，提高了水稻产量；施用脱硫石膏的水稻籽粒中重金属除Cr含量较高，Cd、As、Hg和Pb含量均符合联合国粮农组织和国家食品标准规定的人类摄入标准；提出种植水稻脱硫石膏施用量为3.15×10^4 kg/hm^2。

胡树森[64]进行了糠醛渣改良岗底碱土的试验研究，发现糠醛渣中和了土壤碱性，使土壤pH降低，代换性Na^+的含量降低，碱化度降低，促使土壤中$CaCO_3$向Ca^{2+}活化；土壤通透性好，土壤养分增加，提高了作物的抗碱能力；提出糠醛渣施用量亩施250~500 kg，最大用量不超过1 000 kg。杨柳青等[65]研究了糠醛渣对苏打盐渍土的改良效果，发现糠醛渣改土效果明显，降低土壤pH，改善土壤结构，增加土壤有机质，小麦生长良好。罗成科等[66]利用糠醛渣改良银川北部碱化土壤，结果表明，糠醛渣能改善土壤理化性质，增加水稻基本苗数和产量；提出糠醛渣施用量为2.0 t/667 m^2，脱盐率为 44.07%，水稻增产率为 108.6%。秦嘉海等[67]研究了糠醛渣的改土增产效应，提出亩施糠醛渣用量为 1 500 kg，耕层土壤容重降低 0.14 g/cm，总孔隙度增加 4.70%，自然含水量增加 70.32 g/kg，土壤有机质增加 0.66 g/kg，小麦、玉米、甜菜产量显著增加。

专家和企业针对盐碱地的性质研发了改良剂，比如，NPK（氮磷钾）增效剂、康地宝[68]和禾康[69]等产品适用于盐碱地的治理和中、低产田改造，具有降碱脱盐，降低盐分离子对作物的毒害作用。总之，化学改良盐碱地效果明显，综合利用改良剂改良盐碱地的机理需深入研究。但是，化学改良剂对土壤质量和作物籽粒食品安全的影响需长期跟踪监测。

（4）生物改良　生物改良盐碱地是在盐碱地里种植耐盐碱作物，对土壤进行培肥，增加土壤养分，淋洗土壤盐分，降低作物耕作层的盐分，改善土壤的理化性质。目前中国、俄罗斯、美国等国家选育了一批耐盐碱作物，在盐碱地上进行示范推广，取得了很好效果。唐世荣等[70]认为作物对土壤肥力、酸碱度、盐度等条件有一定要求，盐分可能随作物器官的腐烂、脱落重返土壤。Qadir 等[71]研究发现栽培耐盐植物可以增强土壤中 $CaCO_3$ 溶解、改善根系土壤物理特性。赵可夫等[72]研究了盐生植物盐爪爪［*Kalidium foliatum*（Pall.）Moq.］、盐地碱蓬［*Suaeda salsa*（L.）Pall.］、中亚滨藜（*Atriplex centralasi atiea* Iljin）、小果白刺（*Nitraria sibirica* Pall.）在盐渍土壤改良中的作用，发现每季盐爪爪、盐地碱蓬、小果白刺和中亚滨藜从土壤中吸收 Na^+量分别为 9 345.6、6 851.4、6 019.2 和 6 098.4 kg/hm^2，盐生植物是一类良好的吸盐植物；土壤有机质、N、P、K 以及细菌和真菌数量也有不同程度地增加。Shekhawat 等[73]在盐碱地上种植猪毛菜和梭梭耐盐植物，发现土壤 pH 显著降低。赵成义等[3]研究结果表明，植物的根系活动向土壤中释放的柠檬酸、苹果酸、酶及残留根系和脱落的根冠能改善土壤理化性质，提高土壤肥力。Akhter 等[74]在盐碱地上种植豆科或牧草后发现，植物根系能抵抗不同盐分水平，能改善土壤渗透性及水力性能，改善土壤总孔隙度和毛管孔隙度，有利于根系正常的生理活动。Jumberi [10] 等发现豆科植物修复盐碱地效果较好，具有固氮作用，并有很强的耐盐碱能力。王学全等 [75] 在盐碱地上种植耐盐作物春小麦、葵花、玉米和苜蓿，发现作物成熟体耗盐量分别为 435 kg/hm^2、317 kg/hm^2、534 kg/hm^2 和 870 kg/hm^2，具有抑制土壤积盐的作用；耐盐作物有排盐作用，增加土壤有机质，抑制土壤积盐。王春娜等 [30] 详细阐述了盐碱地改良的方法，强调生物改良盐碱地生态效益和经济效益突出。Ravindran 等 [76] 发现化学措施和机械措施改良盐碱地价格昂贵，在盐碱地上种植海葱、海马齿、木贼麻黄、中麻黄、马鞍藤和盐天芥菜，收获后测定它们体内积累的 NaCl 量分别为 186.0 mg/株、147.0 mg/株、106.4 mg/株、93.9 mg/株、81.1 mg/株和 71.0 mg/株，证实盐生植物具有巨大的储盐功能。Akhter 等 [77] 在盐碱地上种植盐土草（Kallar grass），5 a 后土壤脱盐率达到 87%，土壤电导率从 16.2 ms/cm 降到 2.1 ms/cm。Barrett-Lennard [78] 预测盐生作物每年排盐量约 10 t/hm^2，占作物干重的 2.5%。罗廷彬等 [79] 研究了生物改良盐碱地的效果，发现种植耐盐冬小麦套播草木樨的种植模式脱盐效果好，1 a 后土层 1 m 土壤平均盐分含量由 1.99% 降到 0.28%，脱盐率为 85.82%。Batra 等 [80] 利用生物措施改良盐碱地后，发现豆科类植物可起到生物固氮的作用，植物根系及体内生理活动调节土壤矿物营养，提高土壤肥力。谷思玉等 [81] 研究提出生物有机肥改良盐碱土施用量为 0.8 kg/m^2，从经济、效益等多方面考虑，生物有机肥0.4 kg/m^2 和化肥×50%配施模式最好。蒋鹏文等 [82] 全面详细地阐述了生物排盐改良利用盐渍土，指出今后的重点研究方向是节水灌溉下防止土壤盐碱化和盐碱地改良利用方法；提出生物排盐与水利改良的综合新模式。Wlodarczyk 等 [83] 发现土壤中微生物代谢能增加土壤的肥力。Czarnes 等 [84]、Yunusa 等 [85] 发现植物根系能改善土壤结构，改善土壤总孔隙度和毛管孔隙度。任崴等 [86] 提出生物改良盐碱地是生态、经济和社会效益兼优的改良盐碱地模式；以硫酸盐为主的盐碱地，采用种植耐盐牧草和正常灌溉的改良模式。佟国良等[87]通过测量玉米、高粱、大豆和小麦的根、茎、叶的生物量，发现根茬的腐殖化系数为 45%~53%，有助于土壤有机质累积。

1.2.2　盐碱地水盐运移研究现状

盐碱地改良和次生盐碱化的防控，必须明确土壤水盐运移特征，针对性地对土壤进行水盐调控，调节土壤水盐迁移过程，改善土壤水盐状况。因此，研究灌溉淋洗条件下盐碱地水盐运移特征，揭示土壤水盐和盐分离子迁移的机理，为盐碱地改良和水盐调控提供技术支撑。

19 世纪国内外学者开始研究了土壤水盐运动，主要研究了土壤水盐运移规律，揭示不同土壤类型的水盐运移的特征，形成不同土壤水盐动态分析研究的方法和手段[88-89]。土壤水盐动态的研究经过定性研究和定量研究，建立土壤水盐运移模型。水盐运移模型综合考虑了土壤水分运动和溶质运动，便于更好地研究和理解溶质运移机制。Nielson 等[7]建立非饱和土壤溶质迁移的数学模型。Dane 等[90]、Bear 等[91]、Lindstrom 等[92]、Rao 等[93]、Jordan 等[94]建立了水盐运移毛管模型。目前著名的入渗模型有 Green-Ampt、Phil 等[95]。尤文瑞[96]指出盐碱土水盐运移研究的热点问题，潜水蒸发土壤的水盐运移和水分入渗土壤的水盐运移。王福利[97]建立了一维土壤水盐运移的数学模型，探讨了在降水、蒸发和冲洗条件下土壤盐分动态变化。郭瑞等[98]总结了国内外应用广泛的 3 种水盐运移模型：对流-弥散模型（CDE 模型）、流管模型（STM 模型）和 HYDRUS 模型，以及相关的模型参数研究；指出不同区域不同类型土壤的模型参数研究是土壤水盐运移物理模型的研究重点。张江辉[7]通过分析非饱和土壤水盐运移特征，建立了土壤吸渗率与水分扩散率之间的关系。胡安焱等[99]对干旱区的土壤水盐运移规律进行了研究，对土壤水盐迁移量进行了计算，建立了土壤水盐模型。吕殿青等[100-101]通过室内入渗模拟试验探明了盐碱土膜下滴灌土壤初始含水量、含盐量等因素对土壤水盐运移的影响，对土壤一维水盐运移过程进行分析，得到土壤盐分浓度分布规律，Na^+、Cl^-含量逐层增加，与土层深度成指数关系。徐力刚等[102]运用土壤水运动原理和质量守恒原理求解了土壤水盐运移数学模型方程。李亮等[103]分析了荒地土壤水盐的运移机理，利用HYDRUS-1D模型对荒地土壤水盐的迁移规律进行了模拟；发现强蒸发是荒地水盐运移的原动力，土层5 cm和20 cm处土壤电导率分别上升了66.10%和63.89%；荒地在作物生育期是积盐，在冬灌期是脱盐。徐旭等[104]以SWAP（soil water atmosphere plant）模型为基础，对土壤融化期的水盐运移进行了模拟，构建了土壤水盐动态与作物生长耦合模拟模型——SWAP-EPIC。乔冬梅等[105]将人工神经网络引入水盐动态的模拟和预报中，建立了土层0~60 cm和0~100 cm土壤水盐动态的BP网络模型。彭振阳等[106]针对内蒙古河套灌区春季地表反盐的问题，研究了盐碱地在秋浇下冻融土壤的盐分迁移特征，研究表明，秋浇使土壤表层盐分淋洗至下层，冻结初期盐分从田间排走；消融期土壤返盐。郭太龙等[107]分析了灌溉水矿化度对入渗过程的影响和土壤盐分的分布特征，发现不同矿化度的水入渗后土壤表层含水率都接近饱和；灌溉水矿化度越大，土壤的入渗能力越强；当灌溉水的矿化度为1~5 g/L时，灌溉水矿化度与土壤积盐量成正比；建立了灌溉水矿化度和土壤总盐量之间的数学模型。陈丽湘等[108]通过对水盐运动规律的机理分析，建立了土壤盐分运动方程。史文娟等[109]分析了夹砂土壤在地下水浅埋下的蒸发特性，发现砂能促进土壤水分蒸发，也能抑制土壤水分蒸发；建立了夹砂层土壤水分蒸发强度的模型。叶自桐[110]研究了水分入渗过程中土壤水盐运移规律，推导出了盐分对流运移的TFM简化方程；得到盐分通过土层0~60 cm时间概率分布函数$P(t)$和相应的密度函数$g(t-t')$。刘炳成等[111]研究了盐分在土壤中的运移规律；分析了影响盐分在土壤中迁移的因素；建立了土壤水、热、盐耦合运移的数学模型。

目前学者对不同类型土壤的水盐运移特征、不同地下水埋深下土壤的水盐运移特征以及水盐调控下土壤的水盐运移特征进行了大量研究。刘福汉等[112] 研究了在不同潜水位蒸发条件下轻壤土、夹黏轻壤土和表层黏土的土壤水盐运移，发现土壤日蒸发量大小为：轻壤土>表层黏土>夹黏轻壤土；轻壤土含水率自表层到下层呈增加趋势，黏层以上的土壤含水率波动幅度大；当地下水埋深为 1~2 m 时，土壤黏层对水盐运移的影响大于地下水埋深的影响。陈丽娟等 [113] 发现黏土夹层对土壤水盐运移具有显著的阻碍作用，黏土夹层以上土壤平均含水量、含盐量随灌溉水矿化度的增大而增加，黏土夹层以下土壤水盐分布几乎不受微咸水灌溉的影响；冬灌时土层 0~70 cm 最大积盐率为 65.7%，部分盐分滞留在黏土夹层以上。余世鹏等 [114] 发现黏土层保水和隔盐效果显著，黏土层易积盐，随黏土层厚度增加抑盐效果提升；含黏土夹层土体表层积盐的地下水埋深为 1 m 左右；砂壤土土体的表层积盐地下水埋深为 1.5 m 左右。史文娟等 [115] 研究了在地下水埋深浅的条件下，夹砂层的层位和厚度对土壤水盐运移规律的影响，发现砂层层位为 0 cm 时可加速水盐运动；层位为 10 cm 时可抑制水盐运动；层位为 35 cm 时砂层对潜水蒸发量和土壤表层返盐的抑制率可达 70%~80%左右；相同层位时，水盐的抑制率随砂层厚度的增加而增大。宋日权等 [116] 探讨了覆砂厚度对土壤水分入渗、蒸发、盐分迁移的影响，发现覆砂抑制了土壤水分净入渗能力；覆砂显著抑制土壤蒸发；覆砂改变土壤盐分的运移，减弱了盐分表面聚积；提出能显著抑制土壤蒸发和盐分表聚的覆砂厚度为 1.7 cm 以上。杜社妮 [41] 采用沙封覆膜种植孔促进盐碱地油葵生长，从播种到幼苗期，0~15 cm 土层土壤水分逐渐降低，土壤盐分逐渐升高。王振华等 [117] 研究了地下滴灌对棉田土壤水盐运移的影响，发现在水平方向上，离滴灌带远的土壤含盐量较高，土壤盐分聚积在滴灌带中间部分；在垂直方向上，土壤盐分以向深层迁移为主，耕作层含盐量降低，土层 80 cm 以下积盐。牟洪臣等 [118] 研究了干旱地区膜下滴灌对棉田盐分运移规律，发现土层 0~20 cm 土壤含盐量在棉花播前到苗期到吐絮期呈减小趋势，盛铃期土壤含盐量增大；在水平方向上，土壤盐分在滴头处减少量大，在膜间处增加量大；土壤盐分呈积累趋势。周和平等[119] 探索了干旱区膜下滴灌条件下土壤水盐定向迁移机制，发现土壤水盐在水平方向上 0~50 cm 区域范围具有明显的水盐定向迁移，由膜中向膜边和膜外运移积累；土壤盐分含量在垂直方向上土层 0~20 cm 显著小于 40~60 cm；下层土壤水盐向膜边裸露地表迁移。孙海燕等 [120] 研究不同施 Ca 时间对盐碱土水盐运移的影响，发现不同施钙时间对土壤盐分运移影响显著，对土壤水分运动影响较小；前后期施用 Ca 有利于作物根系生长。王相平等 [121] 发现用矿化度为 1.5 mg/cm^3 微咸水足量灌溉使作物增产和提高水分利用效率；微咸水灌溉导致土层 60~90 cm 盐分累积。吴漩等 [122] 等发现不同灌水量对 30 cm 以上土层含水量影响显著，灌水量与土壤剖面含水量成反比；土层 0~30 cm 为脱盐区，土层 30 cm 以下为积盐区。方汝林 [123] 分析了河套地区土壤冻结期和消融期水盐运移的规律，发现在土壤冻结期水盐累积于冻层内；冻层消融期一部分水盐渗入地下水中，另一部分消耗于蒸发；提出了控制春季土壤返盐的措施是将封冻前地下水位调控到 1~2 m 以下。郑冬梅 [124] 研究了松嫩平原降水期、干旱期、冻结期、融冻期对盐渍土水盐运移的影响，发现降水期、干旱期盐渍土的水盐运移主要受降水、蒸发的影响；冻结期积聚于冻土层中的水分融化向下迁移；冻融期土层表面盐分积累。吴谋松等 [125] 研究了季节性冻土在冻融过程中水、热、盐的运移规律，发现冻结过程中液态水在冻结缝处聚集，冻融过程中自地表向下和最大冻深位置向上的融化过程。刘广明等 [126] 研究了土层 0~40 cm 的土壤盐分在不同地下水埋深和矿化度下的迁移特性，结果表明，地下水埋深为 85 cm 和 105 cm 土层 0~40 cm 土壤电导率与地下水矿化度呈正相关关系；地下水埋深 155 cm

土层 0~40 cm 土壤积盐强度较小；获得了土层 0~40 cm 土壤电导率与地下水埋深、地下水矿化度的统计模型。赵永敢等 [127] 研究了浅层地下水埋深条件下地膜覆盖和秸秆隔层对土壤水盐运移的影响，发现秸秆隔层能抑制潜水蒸发，对累积蒸发量的抑制率可达 75.07%~95.42%；秸秆隔层改变了土壤水盐时空分布特征，增加土壤含水率，降低土壤含盐量；蒸发过程中可将盐分控制在底土层中，抑制了土壤返盐。解建仓等 [128] 分析了土壤饱和层与非饱和层之间的过渡层中盐分分布特征，发现在蒸发条件下过渡层对下层高含盐的隔离作用显著；地下水埋深几乎不变，在土壤非饱和层与饱和层之间形成 10~20 cm 厚的过渡层；过渡层以下的饱和层盐分处于相对稳定状态。郭文聪等 [129] 探讨了原状盐碱荒地盐分的积累与运移特性，发现自然条件下原生盐碱荒地的表层土壤积盐量是有限的；土壤盐分的运移与积累有 3 个区域：剧烈变化区、存储调节区和盐分传导区。

总之，学者对盐碱地土壤水盐运移进行了大量研究，取得了丰硕的成果。主要研究了土壤水分在饱和条件下盐分的运移规律，建立了溶质运移数学模型，求解了土壤水盐运移数学模型方程，为盐碱地改良土壤水盐运移特征的分析提供了理论依据。由于干旱区盐碱地土壤水分是非饱和的，因此，盐碱地水分非饱和土壤水盐运移的数学模型的建立和求解是目前研究的热点科学问题。

1.2.3 地下水动态与土壤积盐特征研究现状

地下水时空动态变化是影响盐渍化土壤改良利用和可持续利用的主要因素。近年来越来越多的国内外学者对地下水动态进行了研究，Yan Jinfeng 等[130]、Xiao Duning 等 [131] 阐述了土地利用时空对地下水埋深的影响很大，浅层地下水埋深受到土地利用时空的影响显著。李小玉等 [132] 研究了民勤绿洲 15 a 的地下水矿化度时空变异规律，认为区域内地下水矿化度在整个尺度上发生恒定变异。王水献等 [133] 分析了开孔河流域不同时期和不同地貌的地下水矿化度存在显著的时空变异性，地下水矿化度在空间尺度上呈增加趋势。姚荣江等 [134] 发现地下水埋深、矿化度和耕层土壤盐分均属于中等变异强度，土壤耕层盐分累积量与地下水矿化度的大小呈极显著的正相关关系。杜军等 [135] 以内蒙古河套灌区为研究区域，发现地下水埋深受到灌溉制度影响显著；浅层地下水埋深较深，其矿化度较小；浅层地下水埋深较浅，其矿化度较大。王卫光等 [136] 对 1997—2001 年河套灌区 203 个观测井的年均井水位高程进行统计分析，发现地下水位高程分布符合正态分布，地下水埋深的空间相关距离在 60 km 以上。岳勇等 [137] 利用内蒙古河套灌区义长灌域地下水水位、水质资料（1996—2005 年）研究了灌域 10 年间地下水矿化度时空变异特性，发现灌域内地下水矿化度随时间的推移呈下降趋势，变异系数不大；蒸发与地下水矿化度呈极显著相关。苏里坦等 [138] 对玉龙喀什河平原区面积约 942 km^2 的地下水进行两期取样检测矿化度，得出地下水矿化度在时空上变异性显著；随着时间的推移地下水矿化度有逐渐升高的趋势。杨军等 [139] 对宁夏银北龟裂碱土地下水埋深、矿化度和盐分离子年内时空变化进行了研究，发现地下水埋深受到灌溉量和蒸发量的影响显著，地下水埋深浅；3 月份地下水埋深最深，矿化度最小；11 月份地下水埋深最浅，矿化度最大。李山等 [140] 发现半干旱区地下水矿化度为 4.43 g/L，地下水埋深为 1 m 和 1.5 m 的棉田洗盐排水的周期分别为 100 d 和 140 d；地下水埋深大于 2 m，棉田淋洗周期超过了生长期；干旱区，在地下水埋深为 1.5 m，用灌溉水矿化度为 2.81 g/L 滴灌棉田，棉花生长期内排水淋洗的时间为 78 d 左右。李新波等 [141] 揭示了区域地下水埋深的时空变异规律，发现地下水大量开采和种植业布局转变是河北曲周县地下水水位下降的主要原因。胡克林等 [142] 发现银川平原浅层地下水埋深服从正态分布，地下水矿化度服从对数分布；地下水埋深和矿化度均属于中等变异强度。孙月等 [143] 对石羊河流域多年地下水矿化度的观测数据进行统计分析，得出地下水的矿化度从上游到下游逐渐增加，矿化度高的地下水区域逐年增加。胡克林等[144]发现华北冲积平原曲周县的地下水埋深服从正态分布，地下水矿化度服从对数分布，硝酸盐含量既不服从正态分布也不服从对数分布。

在降水量少、蒸发量大、地下水埋深浅且矿化度高的干旱地区，土壤极易发生盐碱化和次生盐碱化，给盐碱地的防控工作带来极大的影响。人们对盐碱荒地的开垦利用，大水漫灌淋洗盐分，导致地下水埋深急剧变浅，地下水矿化度相应增加，蒸发下，地下水蒸发加强，土壤发生盐碱化和次生盐碱化。因此，研究地下水埋深与土壤盐分累积的关系，以及盐碱地土壤水盐运移特征，明确土壤次生盐碱化成因，是针对性地提出土壤水盐调控方法的前提。目前，国内外学者对地下水埋深浅的盐碱地蒸发的水盐运移进行了大量研究，建立了水盐运移的数学模型。Tanji 等[145]全面论述了各国盐碱地分布特征、类型、形成、盐分累积过程等，指出盐碱地对农业发展的影响，提出改良利用盐碱地的措施。Jordán 等[146]发现在蒸发量大的干旱地区，田间灌排系统排水不畅的条件下，灌溉水矿化度高、土壤中矿物的风化和有机物的腐烂会导致土壤盐碱化和 Na^+ 的含量升高。Condon 等[147]发现灌溉对地下水埋深影响显著。Gardner 等[148]建立了稳定潜水蒸发公式，并给出了潜水极限蒸发强度 Emax 与地下水埋深 H 的关系式。唐海行等[149]提出了潜水极限蒸发强度的计算关系式。叶水庭等[150]提出了潜水蒸发指数型公式。沈立昌[151]提出了潜水蒸发双曲型经验公式。张朝新[152]提出了双曲型经验公式。清华大学雷志栋等[153]提出了潜水蒸发的经验公式。赵成义等[154]分析了浅埋深的地下水蒸发强度与大气蒸发强度的关系，提出了潜水蒸发公式的拟合方法。孔凡哲等[155]提出了利用土壤水吸力计算裸土和有作物情况下的潜水蒸发强度的公式。孙明等[156]分析了潜水蒸发与埋深之间的关系，发现潜水蒸发量与其埋深呈双曲线关系。刘广明等[157]定量分析了粉砂壤土地下水埋深或地下水矿化度对土壤蒸发量的影响，发现土壤蒸发量与地下水埋深呈抛物线关系，与地下水矿化度呈幂函数关系。胡顺军等[158]发现裸地潜水蒸发量的大小与大气蒸发力、土壤质地和潜水埋深等因素有关，潜水蒸发强度随大气蒸发力的增大而增大，最后趋于一定值。张德强等[159]发现在浅埋区地下水、植被和土壤性质是影响土壤水矿化度的重要因素，蒸发使上层土壤水的矿化度增加，植被生育期降低土壤水的矿化度。孔繁瑞等[160]对20个地中测坑进行不同地下水埋深下土壤水盐运移及作物生长的分析，发现地下水埋深为1.5~2.5 m有利于作物生长；提出地下水埋深为2.0 m左右能防控土壤盐碱化。王晓红等[161]研究了冬小麦和玉米在不同地下水埋深下全生育期潜水蒸发的强度，发现在分蘖期和拔节期根系生长受地下水埋深影响较大，在孕穗期到灌浆期冠的生长受地下水埋深影响较明显。王希义等[162]探讨了区域内距离河流不同处地下水埋深与草本群落特征之间的关系，发现地下水埋深越大，草本群落的生物多样性越少；地下水埋深<6 m处草本群落的种类组成和物种多样性较多。邓宝山等[163]以克里雅绿洲为研究区，发现地下水埋深夏秋季较深，冬春季较浅；土壤含盐量夏秋季快速下降，冬春季迅速上升；地下水埋深与土壤含盐量之间存在交互耦合的关系。常春龙[164]发现地下水埋深年内受土壤冻融期、灌期、冬灌期波动较大，冬灌期地下水埋深最浅；地下水埋深与土壤盐分呈指数关系；地下水矿化度与土壤盐分呈指数回归关系；提出小麦生育期适宜地下水埋深大于1.4 m，玉米生育期内大于1.6 m为宜，油葵生育期内大于1.2 m为宜，食葵生育期内大于1.0 m为宜。樊自立等[165]分析了中国西北生态区适宜深度的地下水埋深，发现在强烈蒸发下，地下水埋深浅，易致使土壤盐渍化；提出温带荒漠区适宜的地下水埋深为1.5~4.0 m，暖温带荒漠区为2.0~4.0（4.5）m。张江辉[7]分析了浅埋深地下水蒸发的特征和蒸发量，发现潜水蒸发量与地下水埋深呈指数关系；建立了土壤含盐量与地下水矿化度和埋深间关系。任理等[166]研究了饱和非均质土壤盐分运移的随机特征，对土柱中氯离子的出流浓度动态进行了

随机模拟。王友贞等[167]提出大沟控制工程能弥补灌溉水不足、调节水资源时空分布、改善农田环境，排水大沟控制工程调控水位以距地表 1.5 m 为宜。樊贵盛等[168]研究了地下水埋深对盐碱地冻融土壤入渗能力的影响，发现地下水埋深变深，土壤入渗能力增强。陈亚新等[169]研究了地下水埋深与土壤盐渍化关系，在干旱区的大型灌区，对土壤水盐运移进行了模拟。尚松浩等[170]建立了地下水浅埋条件下土壤冻融期水、热耦合迁移模型，提出内蒙古河套灌区春小麦土壤封冻前的适宜地下水埋深为 1.5~2.0 m。杨建强等[171]结合土壤盐渍化的预测结果及其与地下水潜水埋深之间的关系曲线，得出盐渍化土壤形成的主要原因在于潜水和土壤水被强烈蒸发；提出了防治土壤盐渍化的对策。左强等[172]研究发现了在同样的水面蒸发强度下，地下水埋深越大，土壤水分通量越小；地下水埋深大于 3 m 时，地下水对 1 m 土体已基本没有补给。

总之，土壤盐分累积和土壤盐碱化与地下水埋深、矿化度和土壤质地有关。地下水埋深太浅，土壤易发生盐碱化；地下水埋深太深，土壤易发生荒漠化。因此，确定土壤不发生盐碱化和荒漠化的地下水埋深至关重要，并且将地下水埋深调控到临界深度以下。明确田间土壤盐分累积与地下水埋深和矿化度的关系，以及土壤水盐运移规律仍是需要研究的问题，也是盐碱地改良进行水盐调控前必须研究的内容。

1.2.4 盐碱地水盐调控研究现状

土壤溶液中的水分和盐分时刻在运移和变化，盐碱地改良水盐调控的机理是通过人的干预改善土壤的物理结构，使土壤水盐重新分配，改变土壤水盐的运移方向，经过调控土壤的水分能满足作物生长需求，盐分不影响作物的正常发育和产量。土壤中的水分是盐分运移的介质，盐碱地改良水盐调控措施实施前必须明确土壤水盐运移特征和水盐平衡。因此，盐碱地水盐调控的目的是改善土壤理化性质，改变土壤水盐再分配，减轻有害盐分离子对作物的毒害，实现盐碱地作物高产和可持续利用。

20世纪初，苏联学者提出排水渠能预防和治理土壤次生盐碱化，能有效控制土壤盐分积累，维持土壤水盐平衡。20世纪50年代，有学者提出了利用咸水灌溉或种植耐盐作物来改良盐碱土。V.A.科夫达[47]建议应修建排水网作为土壤盐渍化防治的主要手段。人们认识到合理灌排是土壤盐碱化防治的有效手段。防渗排水、沟渠、明沟、暗管、竖井等灌排措施是盐碱地水盐调控的有效手段。中国对盐碱地的改良利用研究始于20世纪初，部分学者在东北吉林的盐碱地上进行洗盐种稻改良盐碱地。学者们针对盐碱地类型、成因、气候特点、地下水埋深等因素，因地制宜地采取盐碱地改良措施和水盐调控措施。比如西部干旱区旱田采取洗盐降盐措施来改良盐碱地；东北松嫩平原和滨海平原采取种稻脱盐措施来改良盐碱地；黄淮海平原田间采用井灌井排措施来改良盐碱地。从20世纪70年代以来，中国学者对盐碱地土壤的水、盐、肥综合调控进行了大量研究，在土层0~20 cm创造适宜作物生长的水、肥、盐均衡以及良好的土壤结构的生态环境，促进作物高产、稳产。因此，盐碱地对作物的生长发育和产量的影响主要表现在土壤盐分含量过高、有害盐分离子含量高、土壤结构差，抑制作物在关键生育期的生长发育。Karim等[173]发现当土壤含盐量超过作物耐盐度时，便会抑制作物生长。Sarkar等[174]指出具有不良物理特性的盐渍土需采取耕作措施来调控土壤水盐分布，改善土壤结构，创造适宜的土壤水、肥、气、热。近些年来，我国盐碱土水盐调控研究主要是对土壤进行培肥、排盐、隔盐、防盐和控盐，并根据土壤类型和特征进行综合技术水盐调控，维持土壤的可持续利用[175]。余世鹏等[176]初步提出水肥盐优化调控模式，能提升盐碱土壤供N（氮）能力，减少化肥用量；对易盐区和表土碱害的土壤，需结合水肥盐调控措施和农艺及水利措施来综合防控。王翔[177]认为泡田冲洗须使耕层土壤全盐降低到0.15%以下。马晨等[178]通过物理、化学、生物综合措施来改良盐碱土，探索不同类型盐碱土的改良方法，用水利措施、耕作措施和生物农艺措施来调控土壤水盐动态。陈恩凤等[179]提出盐碱土改良以水和肥来调控土壤水盐运移；强调种植和培肥是实现盐渍土资源可持续利用的关键要素。孙甲霞等[180]研究了滨海盐渍土原土水盐调控对土壤水力性质的影响，发现土壤饱和导水率、−6 cm 水头下的导水率、土壤孔隙大小分布常数明显增加；土壤大孔隙增加，小孔隙减少，土壤结构得到改善。刘广明等[181]研究了不同调控措施对轻中度盐碱土壤的改良增产效应，发现在小麦–玉米轮作制度下，秸秆覆盖结合土壤结构调理剂调控措施能显著降低耕层土壤盐分、增加作物产量和提高经济效益。杨鹏年等[17]提出干旱区盐碱地改良将土壤水、地下水与地表水进行联合调控。张蔚榛等[182]论述了控制土壤盐碱化对灌排措施的基本要求、不同地区的灌排模式，提出了控制土壤盐渍化的灌排措施，强调对灌区水盐动态的监测的重要性。姚荣江等[183]研究了水盐调控措施对土壤盐分分布的影响，发现中重度盐渍土施用石膏和覆盖秸秆综合调控措施对油葵生物量、产量和土壤脱盐率影响显著。张建兵等[184]发现有机肥与覆盖集成措施对重度盐碱化土壤具有良好水盐调控效应，创造了土壤水分较高、盐分较低、结构较好、养分供给显著的土壤环境，促进作物增产。汪林等[185]提出有害盐量排引比约为盐量排引比的 1.7 倍，作为评价灌区积、脱盐和盐碱土改良的指标。钟瑞森等[186]总结并探讨了灌区地下水埋深调控的措施，不进行冬春灌而采用滴水适播或干播湿出，在土壤冻融期地下水埋深会下降到临界深度以下，能有效抑制土壤的返盐和积盐；灌区采用井灌井排是地下水调控最有效的措施。王水献等[187]考虑作物需水规律和土壤盐分变化情况，制定了合理灌溉水量和灌溉制度；确立了干旱盐渍土区地下水合理调控埋深为 2.5 m。曹丽萍等[188]开展了苏打盐渍土节水灌溉栽培种稻试验，研究结果表明浅晒浅湿的灌溉模式土壤脱盐效果好，土壤脱盐率达 47.3%。于淑会等[189]探讨了消除或抑制微咸水或咸水灌溉对土壤盐分积累的生态负效应，发现咸水灌溉后，增加土壤含盐量，经历积盐—脱盐—积盐 3 个阶段；积盐程度随灌溉水的矿化度增加而增加。田世英等 [190] 研究了控制排水对田间水盐运移的影响，研究结果表明，地下水埋深为 0.3 m 其矿化度略高于常规排水的地下水矿化度，总体上地下水矿化度变化较稳定；地下水埋深为 0.8 m 和 1.2 m 其矿化度明显大于常规排水的地下水矿化度。王水献等 [191] 确定了干旱绿洲灌区适宜的地下水埋深。王若水等 [192] 研究了滴灌条件下内陆干旱区重度盐碱地水分调控对土壤盐分与养分的影响，发现在滴头正下方 20 cm 处土壤水基质势控制下限−5 kPa 时，土壤电导率降至 5.3 ds/m，降低幅度为 89%；速效 N、P、K、全 N、全 P 以及有机质含量较试验前均显著升高，升高幅度均在 20%以上，与土壤基质势下限成正比。彭世彰等[193]、刘广明等 [194] 研究了控制灌溉对盐碱地种稻田间土壤水盐变化的影响，发现在水稻生长期土壤盐分受到初始含盐量、泡田淋洗、气温等因素影响较大。赵永敢 [195] 针对内蒙古河套灌区地下水水位浅，蒸降比大，盐分表面聚集严重，作物产量低等突出问题，提出地膜覆盖结合秸秆隔层的水盐调控模式；“上膜下秸” 为向日葵根系生长创造了“高水低盐”的微生态环境；在地膜覆盖条件下，提出农业生产中秸秆用量为 12 t/hm^2、埋深为 40 cm。徐力刚等 [196] 分析了灌溉、施肥、耕作对土壤水盐调控的作用，发现灌溉水矿化度和灌水次数对作物生长后期影响显著。张江辉 [102] 研究了新疆干旱地区土壤盐分分布特征与调控方法，发现在滴灌棉田施用旱地龙和禾康后，土体脱盐率分别为 30.3%和 22.3%；建立了土壤脱盐率与灌溉水量间函数关系。杨军等 [34] 研究了水盐调控措施改良龟裂碱土，提出龟裂碱土快速改良水盐调控的最佳模式，脱硫石膏（28 t/hm^2）+糠醛渣（22.5 t/hm^2）+黄沙（120 m^3/hm^2）+深松（深度 60 cm）+暗沟（间距 15 m）+淋洗（4 500 m^3/hm^2），综合措施可显著降低龟裂碱土土壤的 Na^+、pH、碱化度和全盐，消除单盐毒害，改变土壤结构，防止蒸发盐分表面聚集，显著提高油葵产量。

1.2.5　龟裂碱土的成因

龟裂碱土俗称白僵土，宁夏主要分布在银川北部西大滩，具有不良理化性质。由于改良利用难，龟裂碱土荒地大面积存在，再加上大水漫灌易造成土壤次生碱化，严重影响农业可持续发展。研究龟裂碱土改良途径，探讨其形成和性质是前提基础。龟裂碱土的发育和发展主要受到地貌、气候、水文地质、土壤母质以及现代人类活动等多种因素的结果和综合表现 [5]，宁夏银北西大滩是银川平原最低洼的区域，龟裂碱土分布最多的区域。碱化土壤或碱土的形成主要受地下水埋深浅、矿化度高和蒸发量大多因素的影响，致使土壤含有大量的 Na^+，碱化度高。

(1) 气候因素　宁夏银川北部西大滩属典型的干旱大陆性气候，干旱少雨、降雨集中、多风、日照长、蒸发强烈。年气温−20.5~33.8 ℃，年均气温 9.5 ℃，≥10 ℃积温为 3 350 ℃。年均降水量为 205 mm，多集中在秋季，年蒸发量 2 000 mm 以上，蒸降比为 10 左右，干燥度为 11。降水和灌溉使土壤脱盐，干旱使土壤积盐，土壤处于积盐、脱盐交替过程中。碱化土壤的形成是干旱少雨和蒸发量大的气候特征的必然产物。

(2) 地理因素　宁夏银川北部西大滩为贺兰山洪积扇下的一个大型古湖泊，是山洪的天然汇集区 [5]。由于地势低洼，地下水出流不畅，地下水埋深浅，降雨、灌溉时，地面径流汇集于洼地中，淋洗土壤盐分下移，蒸发又使土壤盐分上移，土壤溶液中的 Na^+进入土壤胶体易导致土壤碱化。

(3) 水文因素　宁夏银川北部西大滩地下水埋深浅，为 0.5~2.2 m，矿化度小于 3 g/L，盐分离子以 Na^+、Cl^-、SO_4^{2-}和 HCO_3^-为主，属 Na^+-Cl^-型水，属于中性偏碱类型。由于灌溉量大，排水条件差，地下水埋深受到灌溉量的影响。地下水埋深较浅区，地下水中的 Na^+易与土壤胶体盐基离子发生交换，使土壤碱化。

（4）土壤母质因素　宁夏银川北部西大滩土壤母质为洪积物、河流冲积物和湖积物[5]。盐碱化土壤的母质 Na^+含量占阳离子总量的 50%~95%，而形成土壤碱化的物质是 Na^+。

（5）人为因素　自然因素直接导致土壤碱化，人为因素加速土壤碱化。随着灌溉面积的增加，且田间进行大水漫灌，地势低洼、排水不畅的区域，地下水埋深变浅，易造成土壤次生碱化。通过大水洗盐、压盐和大水漫灌，必导致土壤次生碱化和碱化的恶性循环。

综上所述，大水漫灌，地势低洼，排水不畅，地下水埋深浅，蒸发强度大，地下水富含 Na^+等因素造成宁夏龟裂碱土的发生、发育和形成，具有典型性和代表性。明确宁夏银川北部西大滩龟裂碱土的形成，有目的性、针对性地进行土壤改良水盐调控措施的实施。

1.2.6　龟裂碱土改良利用研究现状

目前龟裂碱土改良利用研究成果较少，由于龟裂碱土具有恶劣的理化性质，常规的、单一的改良方法很难实现其利用和可持续利用，需将农业生物改良措施、水利措施、物理措施和化学措施相结合，进行综合水盐调控措施。碱土改良的宗旨：首先利用脱硫石膏中的 Ca^{2+}置换出土壤胶体的 Na^+，先易后难，先消除碱土斑块，再改良成片碱土荒地。殷允相[5]研究了龟裂碱土的形成、性质及改良途径。张体彬等[4]研究了宁夏银北地区龟裂碱土盐分特征。杨军等[21,34,139]研究了脱硫石膏糠醛渣对新垦龟裂碱土的改良洗盐效果；水盐调控措施改良龟裂碱土提高油葵产量；龟裂碱土地下水埋深、矿化度和盐分离子年内时空变化特征。樊丽琴等[22]研究了淋洗水质和水量对宁夏龟裂碱土水盐运移的影响。张俊华等[55]研究了燃煤烟气脱硫废弃物及专用改良剂改良龟裂碱土的效果。王静等[63]研究了脱硫石膏改良宁夏典型龟裂碱土效果及其安全性评价。张体彬等[197]利用经典统计和主成分分析方法研究了龟裂碱土原状土和滴灌利用下的土壤盐分运移特征，研究结果表明，0~40 cm 土壤 SAR 值较大，土壤 pH 较高；土壤中 Cl^-和 Na^+含量较大；土层 100 cm 以下的 HCO_3^-含量呈增加趋势；土壤可溶性总盐（TSS）与 Cl^-和 Na^+的相关性较大。王智明等 [198] 揭示龟裂碱土土壤无机碳的空间分布特征、成因及土壤无机碳的动态迁移规律，发现垂直空间尺度上，土壤无机碳的剖面分布均具有高度的空间变异性，与土壤深度呈极显著的正相关关系，80~100 cm 剖层土壤无机碳含量最高；时间尺度上，各剖面土壤无机碳含量随作物种植年限呈先增加后降低的趋势。薛铸等 [199] 研究了龟裂碱土沙质客土填深对蔬菜作物生长的影响，发现采用填加沙质客土改善了龟裂碱土土壤水分状况，填沙深度越深越能促进作物的生长。薛铸等 [200] 研究了龟裂碱土沙质客土填深和秸秆覆盖对作物生长的影响，发现填加沙质客土解决了龟裂碱土水分不易入渗的问题；填沙深度对油葵叶片的气孔导度影响显著，秸秆覆盖对其无显著影响。刘吉利等 [201] 研究了龟裂碱土对不同基因型甜高粱幼苗生长和生理特性的影响，发现龟裂碱土抑制了甜高粱幼苗的生长，显著降低了甜高粱幼苗株高、根长和植株干重。张俊华等 [202] 系统分析了龟裂碱土上植被在自然和覆盖条件下，其在关键生育期的冠层光谱特征、光谱反射率与叶片叶绿素值和叶面积指数（leaf area index，LAI）之间的关系，进而建立了不同条件下 2 个生理指标的预测模型。孙兆军等 [203] 利用脱硫石膏改良龟裂碱土种植枸杞效果进行了研究，发现当脱硫石膏用量为 2.5 t/（667 m^2）时，枸杞根系生长发育最好，土壤盐分下降显著，改土效果最好。总结前人目前改良龟裂碱土的研究成果为：① 种稻洗盐改良。在灌排系统完善的条件下，稻田经过深翻、晒垡、深松下，施用改良剂脱硫石膏、绿肥、农家肥和水稻专用肥，稻田田面浅层淹灌，勤灌勤排，及时将有害盐分离子排出土体，显著改善了土壤理化性状；盐分和 pH 减小，养分增多，当年水稻亩产量达到 2 250~3 000 kg /hm^2。② 旱田洗盐。在配合改良剂脱硫石膏、腐殖酸等条件下，必须具备完善的灌排设施；旱田采用大水冲洗，快速排水的方法。

③ 铺沙。具有保温、改善地表结构、防止返盐的作用。④ 化学改良剂。施用化学改良剂脱硫石膏和糠醛渣是改良碱地的前提，配套其他措施，种稻前洗盐需大水冲盐、压盐。改良利用龟裂碱土的同时，需防控土壤次生碱化。对地下水埋深浅的地块，采取竖井或暗管排水，降低地下水埋深。

总之，盐碱地改良是一个复杂的、长期的系统工程，根据土壤类型、特性，因地制宜，采取适合、高效的改良措施。尤其是改良龟裂碱土必须将水利、物理、化学和生物措施相结合，既要改善土壤理化性状，又要达到快速洗盐，才能达到显著的改土效果。

1.3 本文研究目标

针对宁夏银北龟裂碱土渗透性差、单盐毒害突出、质地坚硬和改良利用难等问题，通过分析龟裂碱土的理化性质、地下水埋深与矿化度等主要影响因素，采用灌溉淋洗以及施用脱硫石膏、糠醛渣等措施，研究龟裂碱土原土及其改良后土壤的水盐分布特征、盐分离子迁移转化规律以及对作物生长发育的影响，揭示龟裂碱土不同改良方式的水盐运动规律，提出龟裂碱土灌溉淋洗定额、脱硫石膏与糠醛渣的最佳用量、暗沟排盐设置间距等关键改良措施的技术指标，形成龟裂碱土水盐调控技术集成模式，为宁夏盐碱土改良及水盐调控提供理论依据。

1.4 本文研究内容

（1）龟裂碱土水分和盐分布特征研究　对龟裂碱土原土水分和盐分布和变化特征进行跟踪监测，分析其在自然条件下土壤盐分和碱化度在垂直方向分布和运移特性，以及年内和年际间的变化规律。在此基础上，解析龟裂碱土水盐时空分布动态变化的一般规律。

（2）地下水动态变化对龟裂碱土水分和盐分运移的影响研究　龟裂碱土

开垦利用前和利用后，跟踪监测其地下水埋深、矿化度和盐分离子变化特征，分析其变化特征和变化规律；分析不同地下水埋深对龟裂碱土含水率、全盐和碱化度的影响，解析土壤含水率、全盐、碱化度与地下水埋深的关系，以及土壤全盐、碱化度与地下水矿化度间的关系；研究在地下水埋深调控下不同地下水埋深对土壤水分和盐分运移的影响；揭示田间暗管排水和明沟排水对土壤耕作层盐分和油葵生长发育的影响。

（3）淋洗改良龟裂碱土效果研究　研究脱硫石膏和糠醛渣及淋洗综合措施对龟裂碱土理化特性和水盐运移的影响，分析综合改良措施对土壤盐分迁移规律，确定最佳的脱硫石膏和糠醛渣施用量和淋洗定额。

（4）龟裂碱土田间砾石暗沟排水排盐效果研究　龟裂碱土在灌溉、淋洗反复作用下，为了实现耕作层及深层土层逐年脱盐，研究土壤施用脱硫石膏、深松及暗沟对龟裂碱土改良效果及种植油葵生长发育的影响，分析田间砾石暗沟排水排盐的效果，确定砾石暗沟间距。

（5）龟裂碱土不同水盐调控模式研究　针对龟裂碱土渗透性差、单盐毒害突出、质地坚硬和改良利用难等问题，在充分考虑龟裂碱土改良、油葵稳产以及水资源高效利用等水盐调控目标的基础上，分析单项措施和综合措施对土壤水分和盐分运移的影响和改良土壤的效果。通过 3 a 大田对比试验，研究综合措施对油葵生长指标的影响，揭示其对土壤水盐调控的效果，提出最佳龟裂碱土水盐调控模式。

1.5　拟解决的关键问题

（1）龟裂碱土理化性质改良方法　由于龟裂碱土的特殊性，如何改良土壤理化性质，改善土壤结构和脱盐脱碱是需要解决的技术难点。

（2）龟裂碱土盐分淋洗方法　由于龟裂碱土透水性差，盐分难以排出土体，传统冲洗技术脱盐效果差，淋洗盐分过程缓慢，如何在有限的水资源条件下实现淋洗脱盐是又一技术难点。

（3）龟裂碱土水盐调控模式　针对龟裂碱土土质坚硬、渗透性差、盐分表聚、单盐毒害突出和改良利用难等问题，提出适合龟裂碱土改良和可持续利用的最佳水盐调控模式。

1.6　技术路线

基于以上研究思想、研究内容，本文通过大田试验、数据分析和应用研究相结合，研究龟裂碱土水盐分布特征及调控模式，技术路线见图 1-1。

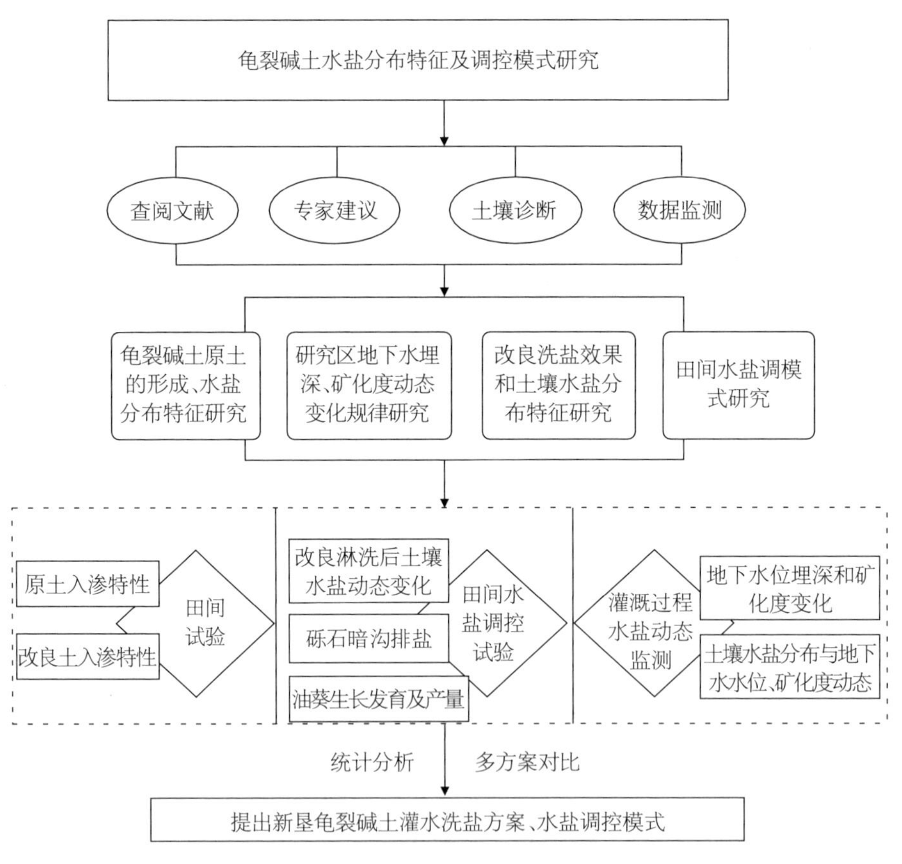

图 1-1　研究技术路线

第 2 章　研究区概况

2.1　研究区自然概况

中国典型的盐碱土——龟裂碱土，宁夏主要分布在贺兰山东麓洪积扇边缘。研究区选择在宁夏银北西大滩前进农场，地处东经 105°57′42″~106°58′02″，北纬 38°36′18″~39°51′13″。

2.1.1　气候特点

研究区域属于典型的干旱大陆性气候，四季分明，春旱多风，升温快；夏季炎热，降水集中；秋季短暂，降温快；冬季干冷，降雪稀少。光照充足，蒸发量大，温差大。年极端气温 28.2~38.9 ℃，年均气温 9.5 ℃，≥10 ℃积温为 3 350 ℃。年均降水量为 205 mm，多集中在秋季，年蒸发量 2 000 mm 以上，蒸降比为 10 左右，干燥度 11，平均风速 2.0 m/s，风向为西北风或北风。

2.1.2　水文地质

西大滩为贺兰山洪积扇下的一个大型古湖泊，是山洪的天然汇集区，龟裂碱土位于西大滩边缘稍高地带；黄河两岸的龟裂碱土带属于洪积扇与黄河老阶地之间或老阶地与冲积平原之间的交接洼地。地势低洼，地下水出流不畅，降水、灌溉时，地面径流汇集于洼地中。地下水埋深浅，为 0.5~2.2 m，矿化度小于 3 g/L，盐分离子以 Na^+、Cl^-、SO_4^{2-}和 HCO_3^-为主，属 Na^+-Cl^-

型水，中性偏碱类型。由于灌溉量大，排水条件差，地下水埋深受到灌溉量的影响。

2.1.3 地质地貌

宁夏银川北部平罗县地处内陆，地势西南高东北低，由西向东依次为贺兰山地、贺兰山东麓洪积扇（洪积倾斜平原）、黄河冲积平原、鄂尔多斯台地，海拔 1 091~3 475 m，其中贺兰山土地面积约占全县土地总面积的22.5%，黄河冲积平原占全县土地总面积的 40%，是全县的主要农业区。西大滩土壤母质为河流冲积物、洪积物、湖积物。平原土地广阔，地势平缓，土壤黏重，地下水埋深浅，土地盐碱和盐碱化较严重。

2.1.4 土壤类型

土壤以灌淤土、盐土、碱土为主。

2.2 试验地概况

2.2.1 土壤性状

试验地为研究区内的荒地，2013 年新垦龟裂碱土荒地 43.3 hm^2，修建了配套的灌排水设施。龟裂碱土表层为呈灰白色的龟裂纹的结壳，龟裂层厚度 1 cm 左右，其下为 1~2 cm 厚鳞片层，再下为厚 60 cm 左右短柱状或棱柱状结构的碱化层，碱化层土质坚硬。干燥季节表土呈现白色，一般不长高等植物，地面光秃。由表 2-1 可知，土层平均碱化度大于 30%，平均全盐小于 5 g/kg，表层最高，呈现“表聚”现象，随土层深度增加全盐逐渐降低。土层 0~100 cm 土壤 pH 为 9.21~9.83，全盐为 1.96~5.76 g/kg，碱化度为 21.8%~52.5%，主要含 Na^+、Cl^-、SO_4^{2-}和 HCO_3^-，盐分组成主要是 Na_2SO_4 和 NaCl。土壤阳离子 Na^+土层 0~100 cm 为 6.51~34.36 cmol/kg，逐层含量降低；阴离子 Cl^-土层 0~100 cm 为 2.86~18.3 cmol/kg，逐层含量降低。土壤容重为 1.36~1.76 g/cm^3，总孔隙度为 34.3%~45.3%，表土的非毛管孔隙仅 2.2%~2.4%。田间最大持水量为 21%~33%，自然含水量小，凋萎系数为 14%~18%，植物可利用的有效水分很少。试验区地下水埋深浅，矿化度高，地下水埋深年均为 1.37 m，矿化度 < 3 g/L，盐分离子以 Na^+、Cl^-、SO_4^{2-}和 HCO_3^-为主。

表 2-1　试验区土壤理化性状

类型	土层深度/cm	离子成分含量/（$cmol \cdot kg^{-1}$）								pH	全盐 /（$g \cdot kg^{-1}$）	碱化度/%
		Na^+	Ca^{2+}	K^+	Mg^{2+}	CO_3^{2-}	HCO_3^-	Cl^-	SO_4^{2-}			
土壤深度	0~20	34.36	0.16	0.05	0.08	2.86	1.23	18.3	12.2	9.83	5.76	52.5
	20~40	13.26	0.14	0.03	0.10	0.87	1.53	6.51	4.62	9.62	3.68	38.3
	40~60	10.04	0.08	0.03	0.12	0.66	1.53	4.36	3.72	9.51	2.94	36.6
	60~80	8.18	0.08	0.02	0.10	0.66	1.53	3.64	2.55	9.40	2.55	22.7
	80~100	6.51	0.10	0.02	0.10	0.66	1.31	2.86	1.90	9.21	1.96	21.8

2.2.2　土壤质地

由表 2-2 可知，试验区龟裂碱土土壤剖面分出 2 层，上层 0~80 cm 土壤为黏质土，下层 80 cm 以下土壤为粉壤土。土层 0~40 cm 土壤平均容重为 1.52 g/cm^3，土壤黏粒、砂粒和粉粒质量分数分别为 61.0%、29.1%和 48.8%。土壤容重大，土层 0~80 cm 结构密实，理化性质恶劣。土壤湿时泥泞，干时坚硬，透水性差，严重制约土壤水盐运移。据国际土壤质地三角坐标图可知土壤属于黏土类。

表 2-2　土壤机械组成

土层深度/cm	黏粒（<2 μm）/%	砂粒（>50 μm）/%	粉粒（2~50 μm）/%	土壤类型	容重/（$g \cdot cm^{-3}$）
0~20	58.94	14.63	26.42	中黏土	1.52
20~40	63.14	14.46	22.40	中黏土	1.51
40~60	65.04	9.55	25.41	重黏土	1.54
60~80	63.01	4.47	32.52	中黏土	1.48
80~100	39.62	33.20	27.18	粉壤土	1.42

2.2.3 土壤养分

由表 2-3 可知，土壤肥力低，土层 0~40 cm 土壤有机质、全氮、全磷和全钾分别为 7.91 g/kg、0.50 g/kg、0.82 g/kg 和 13.73 g/kg；土壤碱解氮、速效磷和速效钾分别为 13.88 mg/kg、10.05 mg/kg 和 205.35 mg/kg。由于土壤全盐和碱化度较高，会减弱土壤酶的活性，降低土壤微生物的活动和有机质的转换，土壤养分利用率下降，有机质含量下降，土壤肥力下降。

表 2-3 试验地土壤养分状况

土层深度/cm	有机质/($g \cdot kg^{-1}$)	全氮/($g \cdot kg^{-1}$)	全磷/($g \cdot kg^{-1}$)	全钾/($g \cdot kg^{-1}$)	碱解氮/($mg \cdot kg^{-1}$)	速效磷/($mg \cdot kg^{-1}$)	速效钾/($mg \cdot kg^{-1}$)
0~20	8.77	0.53	0.89	14.81	15.96	11.4	226.66
20~40	7.04	0.46	0.74	12.64	11.80	8.7	184.03
40~60	6.77	0.43	0.68	11.24	10.41	8.4	163.07
60~80	6.40	0.41	0.56	10.16	11.80	11.3	145.61
80~100	6.34	0.35	0.49	8.85	11.80	8.4	108.18

2.3 试验期间降水情况

试验期间 2013—2015 年降水和蒸发量如表 2-4 所示，年际间降水量和

表 2-4 试验期间降水量

单位：mm

月份	2013 年		2014 年		2015 年	
	降水量	蒸发量	降水量	蒸发量	降水量	蒸发量
4	9	212.6	23	187.5	24.2	175.7
5	20.8	200.8	0.6	228.9	0.8	222.5
6	30.2	242.1	60.9	224.4	3.4	247.4
7	88.5	248.5	28.6	247.8	16.4	254.2
8	15.7	259.6	19.8	253.2	37.2	265.2
9	16.5	148.7	32.4	131.7	83.6	98.6
合计	171.7	1312.3	165.3	1273.5	165.6	1263.6

蒸发量变化不大，属干旱枯水年，蒸发量远远大于降水量。春季降水量少，5 月、6 月、7 月和 8 月试验区蒸发量较大。蒸发量月间动态变化相似，4 月开始逐渐增大，8 月达到最大，9 月开始逐渐减小。

第3章　龟裂碱土水分和盐分分布特征研究

3.1　引言

宁夏银北龟裂碱土分布区干旱少雨、蒸发量大、地下水埋深浅，导致年际间土壤水分和盐分动态变化明显。本研究对龟裂碱土原土水盐分布和变化特征进行跟踪监测，分析其在自然条件下土壤盐分和碱化度在垂直方向分布和运移特性，以及年内和年际间的变化规律。在此基础上，解析龟裂碱土水盐时空分布和动态变化的一般规律，为其改良利用和水盐调控提供理论依据。并对同类地区盐碱地改良起到重要的指导作用。

3.2　材料与方法

3.2.1　试验材料

试验区选取宁夏银北西大滩前进农场龟裂碱地 43.3 hm^2。灌溉水为黄河水，pH 平均为 8.12，矿化度平均为 0.28 g/L，Na^+、Ca^{2+}、Mg^{2+}、K^+、Cl^-、SO_4^{2-}、CO_3^{2-}和 HCO_3^-含量平均分别为 0.028 g/kg、0.016 g/kg、0.031 g/kg、0.006 g/kg、0.05 g/kg、0.128 g/kg、0.00 g/kg 和 0.017 g/kg。

3.2.2　试验设计

在试验区龟裂碱地 43.3 hm^2 布置具有典型代表性土样观测点 15 个，土样观测点布局见图 3-1。

图 3-1　试验区域土样观测点布置

3.2.3　研究方法

从 2013 年 4 月到 2015 年 10 月，每月中旬对龟裂碱土原土 43.3 hm^2 15 个土样观测点分别取土层 0~20 cm、20~40 cm、40~60 cm、60~80 cm 和 80~100 cm，测其质量含水率、pH、全盐及分盐、碱化度，分析土壤水分和盐分在月间和年际间的动态变化规律及特征。土壤冻结期 11 月到第二年 3 月不采集土样。每次每个土样点取 3 个点，共计 225 个土样，将土壤样品风干，磨碎，过 1 mm 筛后，进行分析测定。主要分析的指标有土壤质量含水率、pH、全盐、碱化度、K^+、Na^+、Ca^{2+}、Mg^{2+}、Cl^-、SO_4^{2-}、CO_3^{2-}、HCO_3^-。

土壤质量含水率：称重法；

土壤 pH：采用 S220 多参数测试仪测定，土水质量比 1∶5；

土壤全盐：残渣烘干–质量法测定；

土壤碱化度：碱化度=（交换性钠/阳离子交换量）×100%；

K^+、Na^+测定：火焰光度法测定；

交换性钠的测定：$NH_4OAC-NH_4OH$ 火焰光度法；

Ca^{2+}、Mg^{2+}：EDTA 滴定法测定；

Cl^-：硝酸银滴定法；

SO_4^{2-}：EDTA 间接络合滴定法；

CO_3^{2-}、HCO_3^-：利用双指示剂−中和滴定法。具体方法参照文献[204]。

3.2.4 数据处理

用 Excel 进行数据处理；用 SPSS11.5 统计分析软件对观测数据进行统计分析。

3.3 结果与分析

3.3.1 龟裂碱土原土水分的垂直分布特征

2013 年 4 月，在试验区龟裂碱土荒地上 15 个土样点分别取土层 0~20 cm、20~40 cm、40~60 cm、60~80 cm 和 80~100 cm 土样测土壤质量含水率，分析土壤含水率在垂直方向上的分布特征。如表 3−1 所示，土壤剖面 0~100 cm 各土层含水率分布规律：土层 0~20 cm 土壤含水率最低，均值为 16.6%，变异系数最大，其值为 10.4%；随着土层深度逐层增加，土壤含水率相应逐层增大，变异系数也相应逐层减小，表明气候对土壤表层含水率的变化影响较大。由于研究区干旱少雨、多风，蒸发量远远大于降水量，表层 0~20 cm 土壤含水率小于其他土层，纵向变异系数大于其他土层，土层 80~100 cm 土壤含水率较大，含水率变化比较稳定，变异系数较小，这主要是地下水埋深浅，该层土壤水分受地下水影响较大。总之，整体土壤各层的含水率的变异

表 3−1 试验区龟裂碱土 0~100 cm 土层含水率统计特征值

土层深度/cm	分布	极小值/%	极大值/%	平均值/%	中位数	标准差	变异系数/%
0~20	N	12.0	19.5	16.6	16.8	1.73	10.4
20~40	N	17.5	22.0	19.7	19.5	1.58	8.0
40~60	N	18.8	23.2	22.0	21.8	1.27	5.8
60~80	N	20.1	25.5	23.1	22.7	1.15	5.0
80~100	N	24.4	28.1	26.9	26.1	1.07	4.0

系数较小，属轻度变异，说明试验区土壤各层含水率差异性小，分布较均一。

3.3.2 龟裂碱土原土水分动态变化特征

2013 年 4—10 月，每月中旬在试验区龟裂碱土荒地上 15 个土样点分别取土层 0~20 cm、20~40 cm、40~60 cm、60~80 cm 和 80~100 cm 测土壤质量含水率，雨前和雨后各取土样 1 次。如图 3-2 所示，土层 0~100 cm 土壤含水率动态分布特征表明：土层 0~40 cm 为水分剧烈波动层，土壤含水率波动范围为 15.19%~21.80%；土层 40~80 cm 为水分稳定传输层，土壤含水率波动范围为 16.51%~24.50%；80~100 cm 土层为水分存储调节层，土壤含水率波动范围为 19.52%~25.90%。

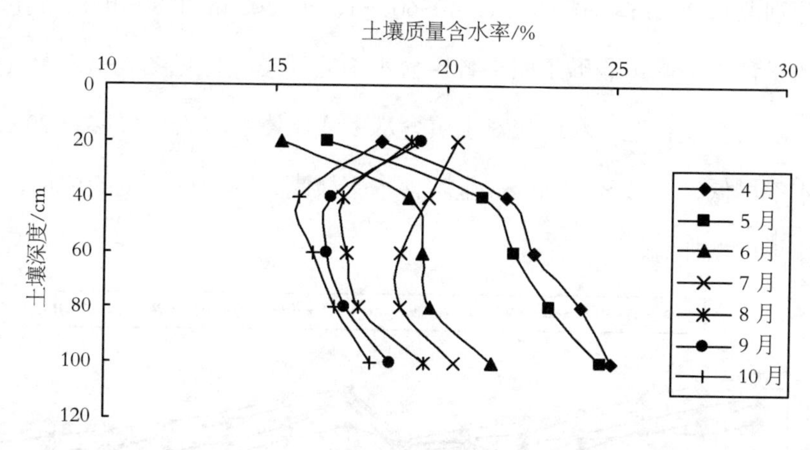

图 3-2　2013 年 4—10 月土层 0~100 cm 土壤含水率分布曲线

由图 3-2 可知，4—8 月为蒸发控制阶段，由于龟裂碱土荒地植物稀少，主要以地表蒸发为主，土壤水分整体向表层运移；9—10 月蒸发量减少，降雨较频繁，土层 0~20 cm 土壤含水率增加，上层水分向下层土壤运移，土层 20~40 cm 土壤含水率有所增加，土层 40~80 cm 土壤含水率变化比较稳定，这主要是土壤渗透性差和降雨强度较小。雨后为蒸发控制阶段，地表再次形成干土层，下层土壤的含水率降低。

4 月试验区多风、风大，蒸发强度开始增大，此时土壤解冻表层松散，地表土壤形成干土层，下层土壤水分运移缓慢，处于稳定状态，土壤含水率从地表到地下逐层增大；6 月有降雨，但降雨较少，每层土壤含水率继续减小；当年 7 月份降雨量最多，土层 0~40 cm 土壤含水率增加，但是，蒸发量远远大于降雨量，下层水分还是向上层运移；8 月蒸发量较大，各层土壤含水率降低；9—10 月蒸发量下降，土壤各层含水率继续减少，但减少量较小，这主要是蒸发强度弱使土壤水分运动速度缓慢，但是土壤水分还是向上运动。

3.3.3 龟裂碱土原土水分年内和年际变化特征

2014 年和 2015 年每年 4—10 月，每月中旬采取土样 1 次，每次取 15 个点，分别取 0~20 cm、20~40 cm、40~60 cm、60~80 cm 和 80~100 cm 土层测土壤质量含水率。龟裂碱土原土各层含水率的动态变化见图 3-3，大气蒸发强度、灌溉制度和地下水埋深对土壤含水率变化影响较大，表层 0~20 cm 土壤含水率最低，土层 80~100 cm 土壤含水率最高，随土层深度的增加，土壤含水率逐层增加。

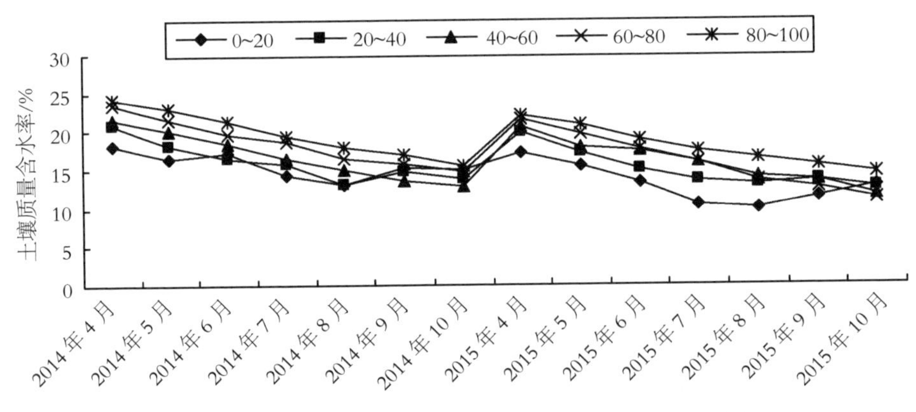

图 3-3 试验区龟裂碱土原土土壤各层含水率的动态变化

由图 3-3 可知，土层 0~100 cm 土壤水分随月份、季节和年份之间发生规律波动。结合图 3-2，2013—2015 年每年、每月的土壤含水率变化规律基本一致，再结合表 2-4，2013—2015 年每月的降水量和蒸发量，以及当地的灌溉制度，分析得出土层 0~100 cm 土壤含水率的变化与蒸发量和降水量有关，蒸发量大的月份，各土层含水率减少量大；降雨月份，土层 0~20 cm 土壤含水率升高，其他土层含水率呈减少趋势。2013—2015 年土层 0~100 cm 土壤含水率逐年减小，但是减小幅度较小，由于 2013 年龟裂碱土荒地开发利用需洗盐、灌溉，使地下水埋深变浅，地下水通过土壤的毛细管上升到土壤的水分多，相应土壤含水率增加。2014 年 4 月开始采用暗管排水降低地下水埋深，将地下水埋深控制在 1.5 m 左右，地下水通过土壤的毛细管上升到土壤的水分少。总之，试验区春季少雨多风，蒸发量逐月增加，土壤含水率逐月降低；夏季降水量有所增加，但蒸发量迅速增加，土层 0~40 cm 土壤含水率降低较大；秋季降水量增加，但蒸发量继续增加，土壤含水率继续减少。

3.3.4　龟裂碱土原土全盐和碱化度的垂直分布特征

2013 年 4 月，在试验区龟裂碱土荒地上 15 个土样点分别取土层0~20 cm、20~40 cm、40~60 cm、60~80 cm 和 80~100 cm 土样测其 pH、全盐和碱化度，分析土壤 pH、全盐和碱化度在垂直方向上的分布特征。

表 3-2　试验区龟裂碱土原土土壤各层化学性质状况

土层深度/cm	pH	全盐/($g·kg^{-1}$)	碱化度/%	全盐变异系数/%	碱化度变异系数/%
0~20	9.83	5.76	52.5	69.6	74.8
20~40	9.62	3.68	38.3	51.2	60.4
40~60	9.51	2.94	36.6	32.7	39.8
60~80	9.40	2.55	22.7	25.2	28.2
80~100	9.21	1.96	21.8	20.5	23.3

从表 3-2 得知，试验区龟裂碱土土层 0~100 cm 土壤 pH 为 9.21~9.83，

全盐为 1.96~5.76 g/kg，碱化度为 21.8%~52.5%，pH、全盐和碱化度随着土层深度的增加而降低。土层 0~20 cm 土壤全盐和碱化度显著高于其他土层，土层 20~100 cm 全盐和碱化度随着土层深度增加而降低。土层 0~20 cm 土壤全盐和碱化度的变异系数分别为 69.6%和 74.8%，变异性强，说明土壤表层全盐和碱化度变化显著，空间分布不均；土层 20~40 cm 土壤全盐和碱化度分别为 3.68 g/kg 和 38.3%，变异系数分别为 51.2%和 60.4%，仅次于土层 0~20 cm 土壤，说明土层 20~40 cm 土壤全盐和碱化度受土壤水分运动的影响变化较大；土层 40~100 cm 土壤全盐和碱化度变异系数较小，说明该层土壤全盐和碱化度受到大气蒸发的影响变化较稳定。

3.3.5 龟裂碱土原土全盐和碱化度垂直分布动态变化特征

图 3-4 和图 3-5 为 2013 年不同月份土壤全盐和碱化度变化曲线，从图中可知，土层 0~100 cm 土壤盐分分布规律：土层 0~40 cm 为土壤全盐和碱化度剧烈变化层，该层全盐为 3.68~6.5 g/kg，碱化度为 37.65%~58.19%，这主要是表聚的盐分随降雨淋洗向下层运动，盐分随水分进入土层 40 cm 左右处聚集，当干旱蒸发时深层盐分及土层 40 cm 左右土壤的盐分再次运动到土壤表层，土壤脱盐、积盐交替，盐分变化活跃；土层 40~80 cm 土壤全盐为

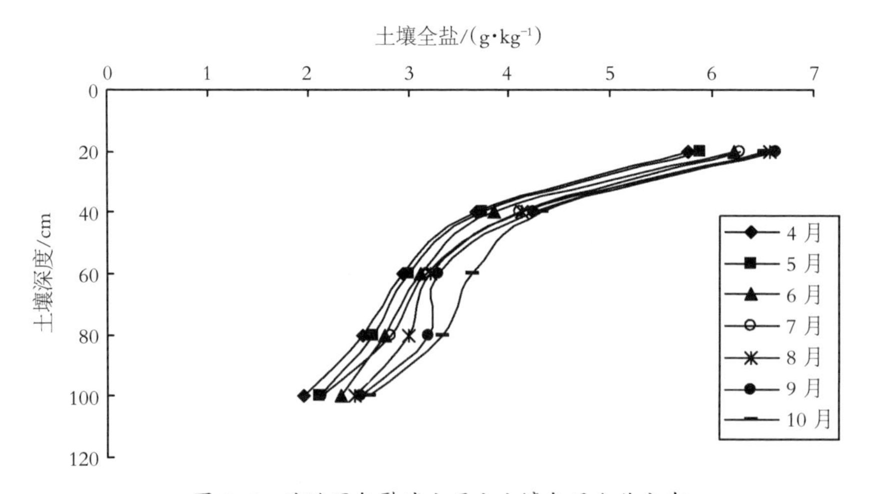

图 3-4　试验区龟裂碱土原土土壤各层全盐分布

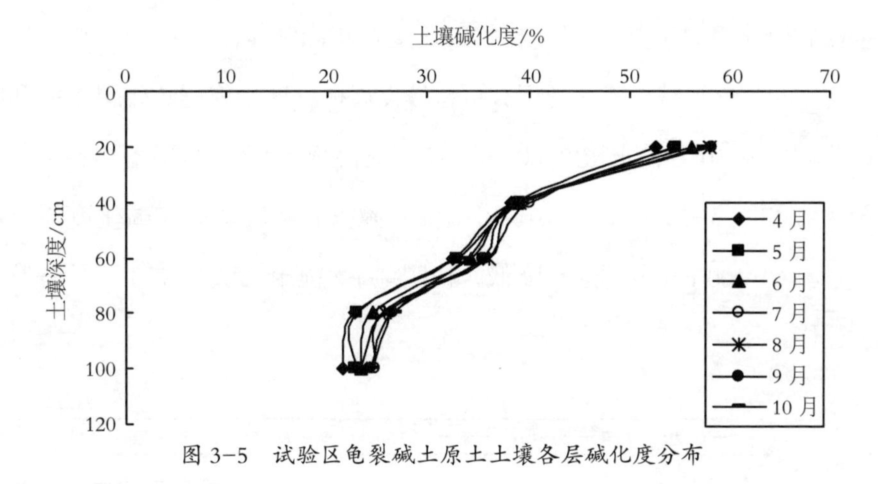

图 3-5 试验区龟裂碱土原土土壤各层碱化度分布

2.55~3.64 g/kg，碱化度为 22.80%~36.11%，在降雨和蒸发下，该层土壤全盐和碱化度相应变化幅度小；土层 80~100 cm 土壤全盐为 1.96~2.62 g/kg，碱化度为 21.80%~24.52%，该土层全盐和碱化度变化相对稳定，由于此层是壤土且离地下水近或接触地下水，土壤含水率较高，水力传导度较大。盐随水来，水去盐留，由于当地干旱少雨、蒸发量大、地下水埋深浅，盐分随着地下水和土壤水向土壤表层运移，土壤表层全盐和碱化度远大于下层土壤。

根据试验区所处季节，4 月份试验区土壤解冻，表层土壤松散，逐渐形成干土层，土壤水分运移速度缓慢并趋向稳定，相应盐分累积量也小，土壤全盐和碱化度也趋向稳定，但盐分整体运动趋势为下层向表层迁移。4—5 月表层盐分变化相对较稳定，这是由于土壤表层的干土层抑制土壤水分向上运动，降低了盐分向土壤表层累积和运移的速度；6—8 月蒸发量增大，土壤各层盐分增加；9—10 月蒸发量减少，土壤各层处于缓慢积盐状态。4—10月土壤 0~100 cm 各层全盐和碱化度呈增加趋势。2013 年 7 月降雨较多，土层 0~20 cm 土壤全盐和碱化度降低，土层 20~40 cm 土壤全盐和碱化度增加，其他土层全盐和碱化度变化幅度很小。

3.3.6 龟裂碱土原土全盐和碱化度年内和年际变化特征

从 2013 年 4 月到 2015 年 10 月，每月中旬在试验区土样点取土样测定土壤全盐和碱化度，分析土壤全盐和碱化度在年内和年际分布特征和变化规律，其目的为龟裂碱土开垦利用和可持续发展提供理论依据。如图 3-6 和图 3-7 所示，4—10 月份土壤 0~60 cm 各层全盐和碱化度呈缓慢增加趋势。结合图 3-4 和图 3-5，2013—2015 年土壤 0~60 cm 各层全盐和碱化度逐年增加，土壤 60~100 cm 各层逐年降低，说明地下水矿化度逐年减小，盐分整体向上迁移。

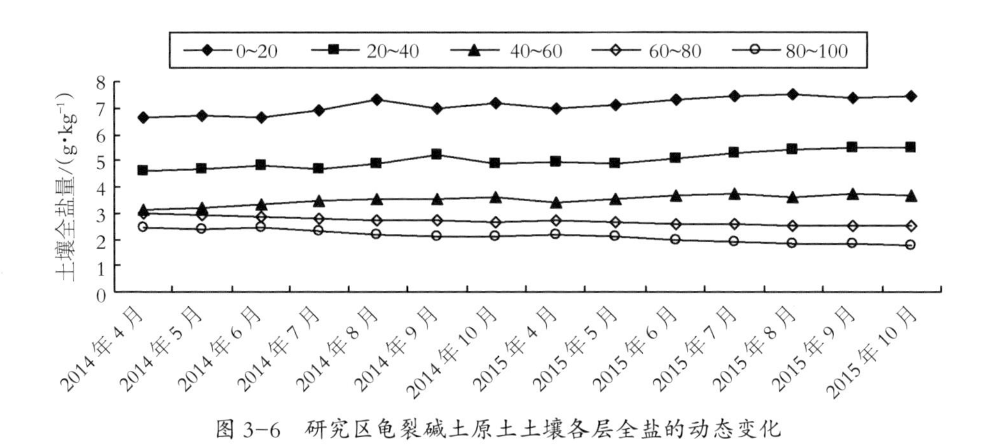

图 3-6　研究区龟裂碱土原土土壤各层全盐的动态变化

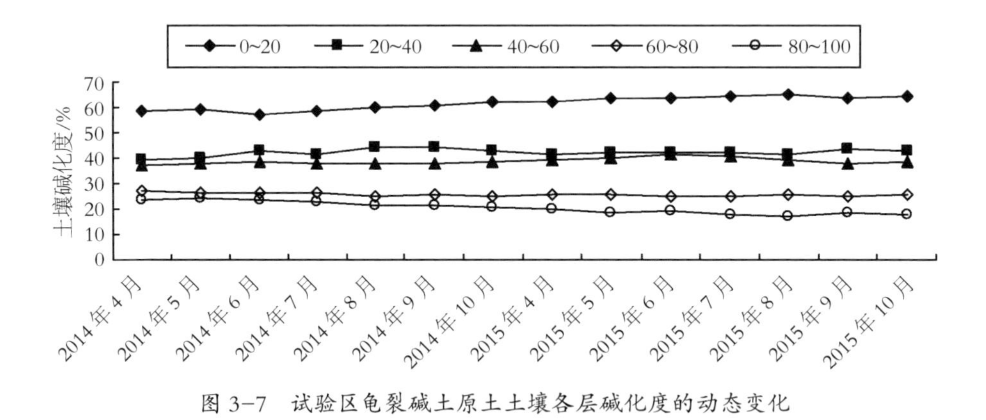

图 3-7　试验区龟裂碱土原土土壤各层碱化度的动态变化

结合图 3-4 和图 3-5，从2013 年 4 月到 2015 年 10 月，土壤各层全盐和碱化度在不断的动态变化，土壤表层盐分聚集，土层自上而下全盐和碱化度逐渐减小。每年的 4—5 月土壤各层全盐和碱化度最低，6—8 月较高，9—

10 月较低。2014 年 5 月份土层 0~20 cm 土壤全盐和碱化度分别增加了 1.8% 和 1.3%，其他土层增加幅度很小；6—8 月土层 0~20 cm 土壤全盐和碱化度增加幅度大，分别增加了 15.2%和 9.2%，土层 20~40 cm 土壤全盐和碱化度分别增加了 6.5%和 4.1%，土层 40~60 cm 土壤全盐和碱化度分别增加了 5.4% 和 2.6%，其他土层变化幅度很小；6 月份降雨较多，土层 0~20 cm 土壤全盐和碱化度降低，土层 20~40 cm 土壤全盐和碱化度增加，其他土层变化幅度很小；9—10 月土层 0~20 cm 土壤全盐和碱化度分别增加了 3.1%和 2.2%。说明土壤全盐和碱化度随月份、季节变化而变化。4—10 月盐分呈增加趋势，6—8 月变化强烈，4 月、5 月、9 月和 10 月变化相对缓和，且土层 0~20 cm 盐分变化幅度大。

参考 2013—2015 年的降水量和蒸发量，降水时土层 0~20 cm 部分盐分运移到土层 20~40 cm 土壤中，干旱蒸发时土层 20~40 cm 部分盐分和深层盐分运动到土层 0~20 cm 土壤中，土壤脱盐、积盐交替，盐分变化活跃。2013—2015 年土壤全盐和碱化度逐年呈增加的趋势，2014 年土层 0~40 cm 土壤全盐和碱化度分别增加了 10.7%和 9.4%，2015 年分别增加了 6.3%和 3.1%，但其他土层增加幅度小，主要是随着龟裂碱土的改良利用，地下水矿化度逐年减小，在蒸发下，地下水向土壤表层运移，地下水进入土壤的盐分也逐年减少，且土壤中 Na^{+}含量高，导致土壤颗粒极度分散，水力传导度降低，土壤水分向表层和深层迁移变慢，跟随水分的盐分运移和积累相应变慢。

3.3.7 龟裂碱土原土盐分离子分布特征

土壤中盐分离子过多会影响作物正常生长发育和产量，据研究可知，盐分离子含量过多会发生作物生理干旱、影响作物正常吸收养分、伤害作物组织等，高浓度的 Na^{+}和 Cl^{-}会毒害作物，导致 Ca^{2+}、K^{+}、Mg^{2+}等缺乏，造成作物营养不良 [205]。因此，在改良利用龟裂碱土荒地之前，需明确各土层盐分离子的分布特征。

试验区土层 0~100 cm 土壤盐分离子含量分布见表 3-3，土壤离子 Na^+、Ca^{2+}、K+、Mg^{2+}、CO_3^{2-}、HCO_3^-、Cl−和 SO_4^{2-}的含量，跟土壤全盐和碱化度成正相关。随土层深度增加盐分离子整体呈逐层减少趋势，盐分离子主要聚集在土层 0~20 cm，土层 20~60 cm 含量较高，土层 60~100 cm 含量较小。Na^+、Cl^-、SO_4^{2-}和 HCO_3^-含量较高，其他离子含量较低。

表 3-3　试验区龟裂碱土原土各层盐分离子分布

单位：cmol/kg

土层深度/cm	Na^+	Ca^{2+}	Mg^{2+}	K^+	SO_4^{2-}	Cl^-	CO_3^{2-}	HCO_3^-
0~20	34.36	0.16	0.08	0.05	12.21	18.35	2.86	1.23
20~40	13.26	0.14	0.10	0.03	4.62	6.51	0.87	1.53
40~60	10.04	0.08	0.12	0.03	3.72	4.36	0.66	1.53
60~80	8.18	0.08	0.10	0.02	2.55	3.64	0.66	1.53
80~100	6.51	0.10	0.10	0.02	1.90	2.86	0.66	1.31

3.3.8　龟裂碱土原土盐分离子动态分布特征

土壤盐分离子含量决定土壤酸碱性，Na^+含量增加，土壤碱性增强，HCO_3^-含量增加，土壤酸性增强；H^+与 CO_3^{2-}生成 HCO_3^-，增加 HCO_3^-含量，降低 CO_3^{2-}含量；Ca^{2+}与 CO_3^{2-}生成 $CaCO_3$，降低 Ca^{2+}和 CO_3^{2-}含量。由于试验区龟裂碱土最主要的盐分离子是 Na^+、Cl^-、SO_4^{2-}和 HCO_3^-，尤其是 Na^+大量存在，土壤胶体分散，形成水分难以穿透的碱化层，阻碍作物正常生长。因此，改良龟裂碱土需准确把握土壤盐分离子的动态变化，降低土壤有害离子尤其是 Na^+的含量，改善土壤的理化性质。

由图 3-8 知，6 月和 8 月土层 0~40 cm 土壤中 Na^+累积量较多，分别增加了 7.1%和 8.7%，其他土层 Na^+累积量较少，由于 7 月降雨较多，土层 0~40 cm 土壤中 Na^+含量增加了 1.5%；4—10 月各土层 Na^+含量变化规律基本一致，逐月呈增加趋势。6 月和 8 月土层 0~40 cm 土壤中 Ca^{2+}含量分别增加了 2.7%

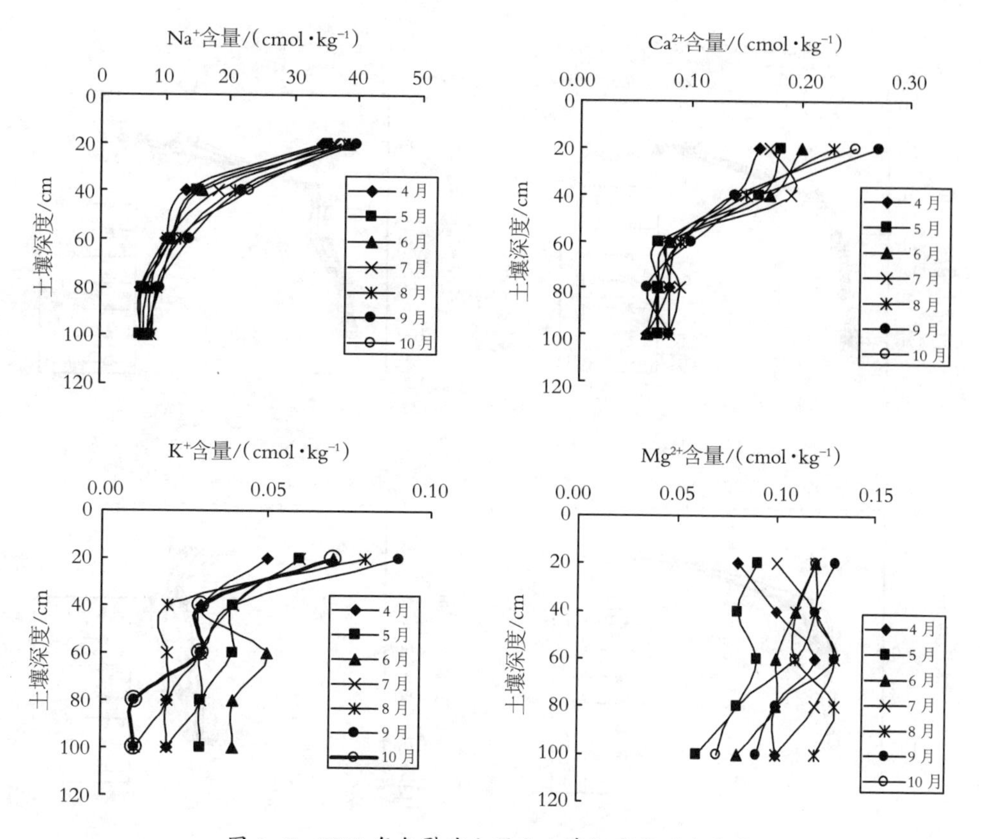

图 3-8　2013 年龟裂碱土原土土壤阳离子动态变化

和 5.2%，累积量较多，其他月份累积量较少。K+主要分布在土层 0~20 cm，6 月和 8 月土层 0~40 cm 土壤中 K+含量分别增加了 14.2%和 25.0%。土层 0~100 cm 土壤中 Mg^{2+}含量整体呈先增加再减少的趋势，逐月呈增加趋势，主要是土壤中一部分 Mg^{2+}来自于地下水，还有土壤胶体上的 Mg^{2+}被 Na^+置换到土壤中，土壤中 Mg^{2+}含量增加。

由图 3-9 知，土壤中 Cl^-主要累积在土层 0~20 cm，6 月和 8 月土层 0~40 cm 土壤中 Cl^-分别增加了 9.5%和 10.2%，累积量较多，其他土层 Cl^-累积量较少，由于 7 月降雨较多，土层 0~40 cm 土壤中 Na^+含量减少了 3.4%，主要是 Cl^-性质稳定，在土壤中不易于与其他离子形成稳定的化合物，不会解离，不会被土壤吸附，Cl^-的迁移受到土壤水分和蒸发量的影响大；4—10 月各土

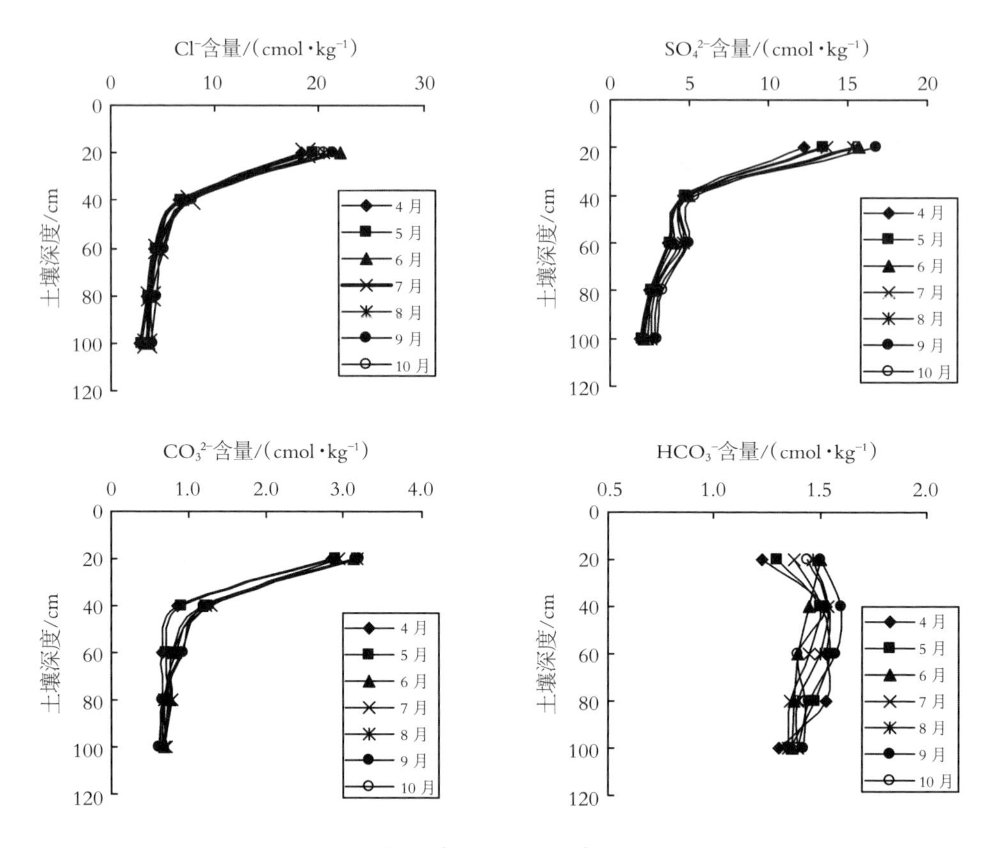

图 3-9　2013 年龟裂碱土原土土壤阴离子动态变化

层 Cl^-含量变化规律基本一致，逐月呈增加趋势，主要是地下水埋深逐月变浅，蒸发下，土壤 Cl^-含量逐渐增加。土壤中 SO_4^{2-}也主要累积在土层 0~20 cm，6 月和 8 月土层 0~40 cm 土壤中 SO_4^{2-}累积量较多，分别增加了 7.3%和 8.5%，其他土层 SO_4^{2-}累积量较少，由于 7 月降雨较多，土层 0~40 cm 土壤中 SO_4^{2-}含量减少了 2.8%，表明 SO_4^{2-}的溶解度和运移速度受到土壤温度的影响大；4—10 月各土层 SO_4^{2-}含量逐月呈增加趋势。土壤中 CO_3^{2-}主要累积在土层 0~20 cm，6 月和 8 月土层 0~40 cm 土壤中 CO_3^{2-}分别增加了 3.8%和 5.6%，其他土层 CO_3^{2-}累积量较少；4—10 月各土层 CO_3^{2-}含量逐月呈增加趋势。土壤中 HCO_3^-含量自上而下先增加再逐渐减小，土壤中 HCO_3^-主要累积在土层 20~40 cm，6 月和 8 月土层 0~40 cm 土壤中 HCO_3^-分别增加了

6.4%和 8.5%，其他土层 HCO_3^-累积量较少；4—10 月各土层 HCO_3^-含量逐月呈增加趋势，但土层 60~100 cm HCO_3^-含量基本保持稳定。总之，4—10 月土壤盐分离子整体从土壤底层向表层迁移。

3.4　本章小结

通过对干旱地区宁夏银北西大滩前进农场龟裂碱土原土含水率、全盐及分盐和碱化度动态变化进行年内和年际的跟踪监测，明确了龟裂碱土水盐运移特性和分布特征，研究结果如下：

（1）龟裂碱土原土土壤含水率自上而下呈增加趋势，土层 0~40 cm 土壤含水率随季节变化幅度较大，土层 40~100 cm 变化幅度较平稳。各土层含水率分布规律：土层 0~20 cm 土壤含水率最低，变异系数最大；土壤含水率随土层深度的增加而增大，变异系数减小。整体土壤含水率变异系数均较小，试验区土壤各层水分分布较均一。

（2）土层 0~100 cm 土壤含水率动态分布特征：0~40 cm 土层为水分剧烈波动层，土壤含水率波动幅度最大；40~80 cm 土层为水分稳定传输层，土壤含水率波动幅度较小；80~100 cm 土层为水分存储调节层，土壤含水率波动幅度最小。2013—2015 年土层 0~100 cm 土壤含水率逐年减小，但是减小幅度较小。

（3）龟裂碱土原土土层 0~100 cm 土壤全盐和碱化度自表层到下层逐渐减小，平均全盐小于 5 g/kg，平均碱化度大于 30%，pH 大于 9，全盐和碱化度随季节变化波动较大；土层 0~20 cm 全盐和碱化度极显著高于其他土层，表层盐分聚积，全盐和碱化度变异最大。2013—2015 年土壤全盐和碱化度逐年呈增加的趋势，在降雨和蒸发时，土层 0~20 cm 和 20~40 cm 土壤脱盐、积盐交替，盐分变化活跃。

（4）龟裂碱土原土盐分离子以 Na^+、Cl^-、SO_4^{2-}和 HCO_3^-为主，随土层深

度增加盐分离子整体呈逐层减少趋势，盐分离子主要聚积在土层 0~20 cm，土层 20~60 cm 含量较高，土层 60~100 cm 含量较低。2013—2015 年土壤盐分离子逐年呈增加趋势。

第 4 章　地下水动态变化对龟裂碱土水分和盐分运移的影响

4.1　引言

土壤积盐最基本、最普遍的形式是在蒸发条件下，不同矿化度的地下水通过土壤的毛细管上升到土壤表层并蒸发到大气中，其携带的盐分聚积在地表。土壤积盐的强度会受到蒸发强度、地下水埋深、矿化度大小和土壤质地的影响，一般来说，干旱区盐碱地的地下水埋深比临界深度浅，矿化度偏高，强烈蒸发下土壤积盐的速度较快。据研究，地下水矿化度较高，埋深较深，土壤表层积盐不一定强烈；地下水矿化度较小，埋深较浅，土壤表层积盐强烈。因此，地下水对土壤盐分积累起着支配作用，地下水埋深起决定性因素。

地下水埋深调控措施的选择因地制宜，需从地下水埋深分布、土壤性质、灌溉排水条件等因素综合考虑。研究区干旱少雨，地下水埋深整体随灌溉量的增加而变浅，在排水沟和地下水排水不畅的条件下，龟裂碱土洗盐和灌溉使地下水埋深逐年变浅。如果地下水埋深小于临界深度就可能导致土壤表层积盐，土壤发生盐碱化，对于土壤盐碱化的防控带来严重影响。黏质土视厚度和地下水矿化度不同，地下水临界深度一般介于 1.0~1.5 m [164]。因此，在灌溉制度一定的条件下，在作物关键生育期将地下水埋深控制在临界深度以下至关重要。由于试验区灌溉采用大水漫灌，地势低洼致使地下水埋深长期较浅，蒸发下，地下水盐分向地表聚集，不利于作物的生长。结合试验区灌溉下地下水埋深居浅不深的现状和目前地下水埋深的调控措施，采取暗管排盐和明沟排盐相结合，作为试验区地下水埋深调控措施，并通过持续改良，创造适宜作物生长发育的土壤水盐环境。

因此，探明龟裂碱土浅层地下水埋深、矿化度和盐分离子年内、年际动态变化特征，以及其对土壤水盐运移的影响，为改良利用龟裂碱土水盐调控提供理论依据，以及对于干旱地区的环境保护和农业灌溉的发展具有重要的科学价值。

4.2 材料与方法

4.2.1 试验材料

试验区选取宁夏银北西大滩前进农场龟裂碱地 43.3 hm^2，理化性质见第二章。观测井材料是 PVC 管 ø40 mm、长 4 m。灌溉水来自黄河水，pH 平均为 8.12，矿化度平均为 0.28 g/L，Na^+、Ca^{2+}、Mg^{2+}、K^+、Cl^-、SO_4^{2-}、CO_3^{2-}和 HCO_3^-含量平均分别为 0.028 g/kg、0.016 g/kg、0.031 g/kg、0.006 g/kg、0.05 g/kg、0.128 g/kg、0.00 g/kg 和 0.017 g/kg。

4.2.2 试验设计

2013 年 4 月到 2015 年 9 月，通过 15 眼观测井监测龟裂碱土浅层地下水埋深、pH、矿化度和盐分离子 Na^+、Ca^{2+}、Mg^{2+}、K^+、Cl^-、SO_4^{2-}、CO_3^{2-}及 HCO_3^-年内和年际的动态分布规律。观测井布局见图 4-1。

4.2.3 研究方法

在观测井 PVC 管距管底部 1 m 表面处，用钻打孔直径为 10 mm，均匀分布，孔和管底用麻丝缠住，以免土进入管内。龟裂碱土原土地下水监测是在其开垦利用之前和之中，每月中旬取水样 1 次，作物关键生育期出苗期和

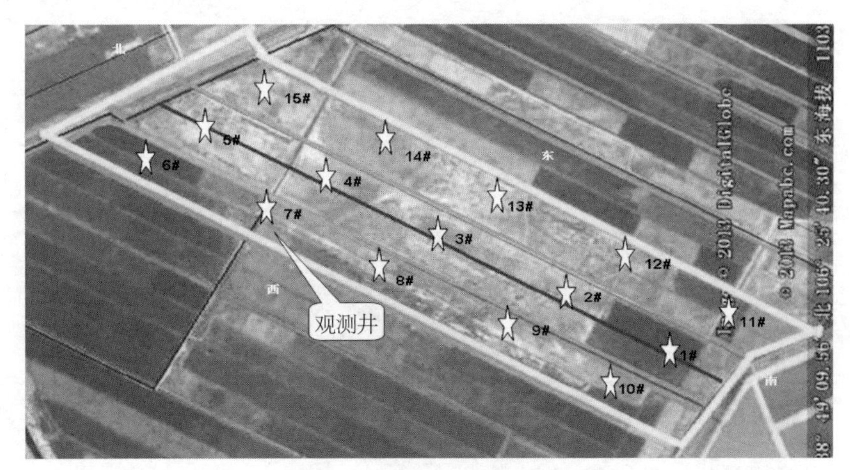

图 4-1　区域观测井的布置

保苗期每月 10 日、20 日和 30 日取水样 3 次，灌前灌后加取 1 次。选取具有代表性的观测井 5 眼分析年内和年际浅层地下埋深、矿化度、pH 和盐分离子的动态变化。测定项目为地下水埋深、矿化度、pH 和 Na^{+}、Ca^{2+}、Mg^{2+}、K^{+}、Cl^{-}、SO_4^{2-}、CO_3^{2-}、HCO_3^{-}八大离子含量。地下水埋深采用绳测法，其他观测项目的具体方法见第三章。

4.2.4　数据处理

用 Excel 进行数据处理；用 SPSS11.5 统计分析软件对观测数据进行统计分析。

4.3　结果与分析

4.3.1　龟裂碱土原土地下水埋深分布特征

2013 年 4 月 6 日，对龟裂碱土荒地地下水埋深、矿化度和 pH 进行监测，数据见图 4-2 和表 4-1。地下水埋深呈北高南低，东高西低，中间最低，3# 井地下水埋深最浅，15# 井地下水埋深最深，地下水埋深变化范围为 0.75~2.20 m，平均埋深为 1.42 m。每眼观测井的地下水埋深变异系数为 25.5%，说明研究区地下水埋深横向变化较大。主要原因是地势高低不同，

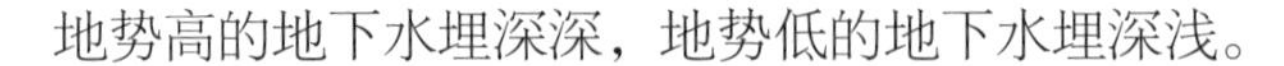
地势高的地下水埋深深，地势低的地下水埋深浅。

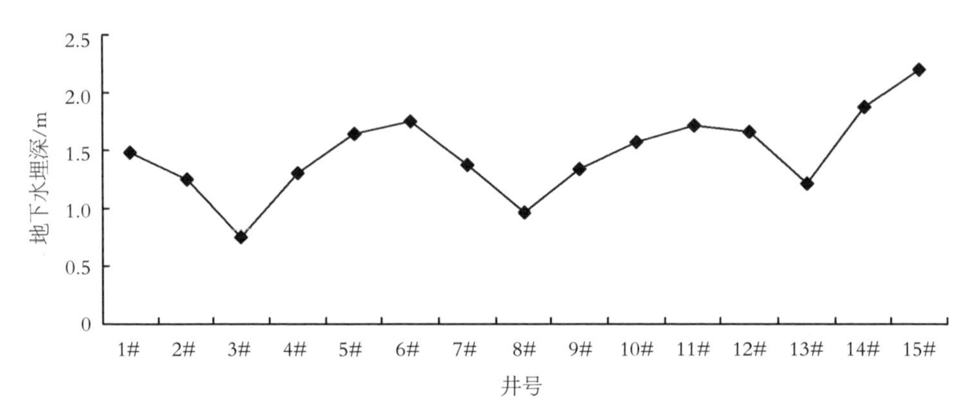

图 4-2　龟裂碱土荒地地下水埋深分布

表 4-1　试验区龟裂碱土地下水埋深和矿化度统计特征值

项目	极小值	极大值	平均值	中位数	标准差	变异系数/%
埋深/m	0.75	2.20	1.42	1.39	0.35	25.5
pH	7.34	8.01	7.72	7.66	0.52	6.7
矿化度/$(g\cdot L^{-1})$	1.09	5.60	2.27	2.35	0.88	38.8

4.3.2　龟裂碱土原土地下水矿化度分布特征

2013 年 4 月 6 日，对龟裂碱土荒地地下水矿化度观测，数据见图 4-3 和表 4-1。地下水矿化度空间分布整体呈北低南高，东低西高，中间最高，地下水矿化度分布中部 > 西部 > 东部 > 南部 > 北部，地下水矿化度变化范围为1.09~5.66 g/L，其中，3# 井最大，15# 井最小，地下水矿化度平均值为 2.27 g/L。地下水矿化度变异系数为 38.8%，说明研究区地下水矿化度横向变化较大。结合图 4-2，地下水矿化度的变化跟对应的埋深成相反关系，即地下水埋深深其矿化度低，地下水埋深浅其矿化度高。地下水矿化度偏高主要是地下水埋深较浅，蒸发使土壤盐分累积，地下水埋深长期居浅不深，土壤含水率高，积盐溶于水，形成了地下水浅埋深和高矿化度。

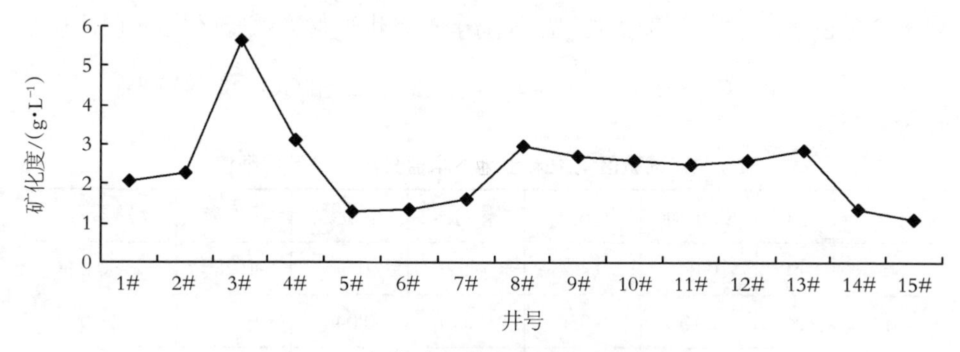

图 4-3　龟裂碱土荒地地下水矿化度分布

4.3.3　龟裂碱土原土地下水 pH 分布特征

2013 年 4 月 6 日，对龟裂碱土荒地地下水 pH 观测，数据见图 4-4 和表 4-1。3# 井地下水 pH 较小，15# 井地下水 pH 较大，地下水 pH 变化范围为 7.34~8.01，地下水 pH 平均值为 7.72。地下水 pH 变异系数为 6.7%，说明研究区地下水 pH 横向变化小。结合图 4-3，地下水 pH 与矿化度呈相关关系，即地下水矿化度大，其 pH 小。

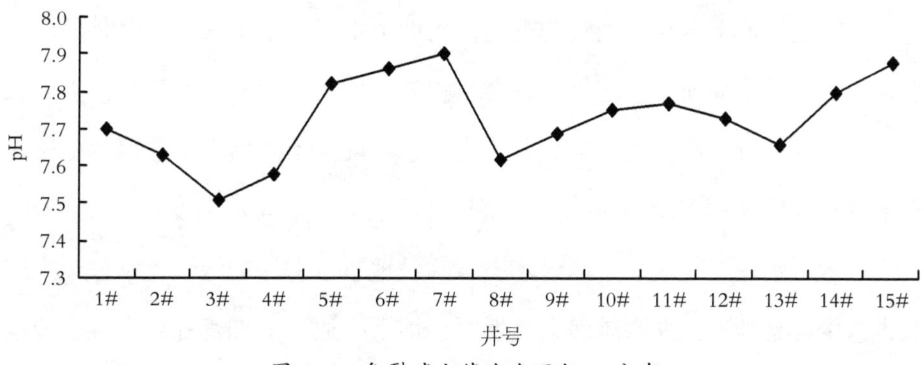

图 4-4　龟裂碱土荒地地下水 pH分布

4.3.4　龟裂碱土原土地下水盐分离子分布特征

2013 年 4 月 6 日，对龟裂碱土荒地地下水盐分离子观测，数据见表 4-2。地下水盐分离子以 Na^+、Cl^-、SO_4^{2-}和 HCO_3^-为主，阳离子 Na^+含量最高，其值为 0.52 g/L，K^+含量最低，其值为 0.008 g/L；阴离子 Cl^-含量最高，其值为 0.82 g/L，CO_3^{2-}含量最低，其值为 0.05 g/L。地下水矿化度较高，盐分离子含量也较高；矿化度较小，盐分离子含量也较低。试验区横向范围地下水盐分离子 Na^{+}、Cl^{-}和 HCO_3^{-}变异较大，Ca^{2+}、K^{+}和 CO_3^{2-}变异较小。

表 4-2　试验区龟裂碱土地下水盐分离子统计特征值

盐分离子	分布	极小值	极大值	平均值	中位数	标准差	变异系数/%
Na^{+}	N	0.24	1.38	0.52	0.50	0.26	50.0
Ca^{2+}	N	0.040	0.050	0.040	0.040	0.006	15.0
Mg^{2+}	N	0.050	0.180	0.070	0.060	0.014	20.0
K^{+}	N	0.007 0	0.013 0	0.008 0	0.008 0	0.000 8	10.0
Cl^{-}	N	0.28	1.70	0.82	0.79	0.39	47.6
SO_4^{2-}	N	0.23	0.69	0.41	0.37	0.12	29.3
CO_3^{2-}	N	0.020	0.090	0.050	0.040	0.008	16.0
HCO_3^{-}	N	0.10	0.66	0.33	0.31	0.15	45.5

4.3.5　不同地下水埋深对龟裂碱土原土含水率动态的影响

土壤水是地下水和地表水的枢纽，当地下水埋深小于临界深度时，地下水和土壤水发生双向交换转化，且交换频繁，地下水盐分容易累积在土壤表层。试验区进行引黄灌溉，灌溉方式为大水漫灌。不同地下水埋深各土层含水率分布见图 4-5 和图 4-6。7 月和 8 月各土层土壤含水率变化明显，同 1 月份，地下水埋深越浅，土壤含水率越高，地下水埋深越深，土壤含水率越低，这主要是地下水埋深越浅，蒸发下，地下水通过毛细管补给土壤水分越多。地下水埋深大于 1.5 m，土壤含水率的变化受到蒸发强度影响，5—8 月土壤含水率随时间而减少，土层 0~40 cm 含水率减少显著，地下水埋深 1.5 m、1.8 m 和 2.0 m 的土壤含水率分别减少了 12.6%、13.2%和 13.7%；地下水埋深小于 1.5 m，蒸发使得土壤含水率的减少量地下水会及时补给，土壤含水率减少量较小，地下水埋深 0.8 m、1.0 m 和 1.2 m 的土壤含水率分别减少了 6.7%、7.2%和 9.6%。可见，土壤含水率的减少量与地下水埋深有关，不同地下水埋深条件下土壤含水率含量：0.8 m >1.0 m>1.2 m>1.5 m>1.8 m>2.0 m。

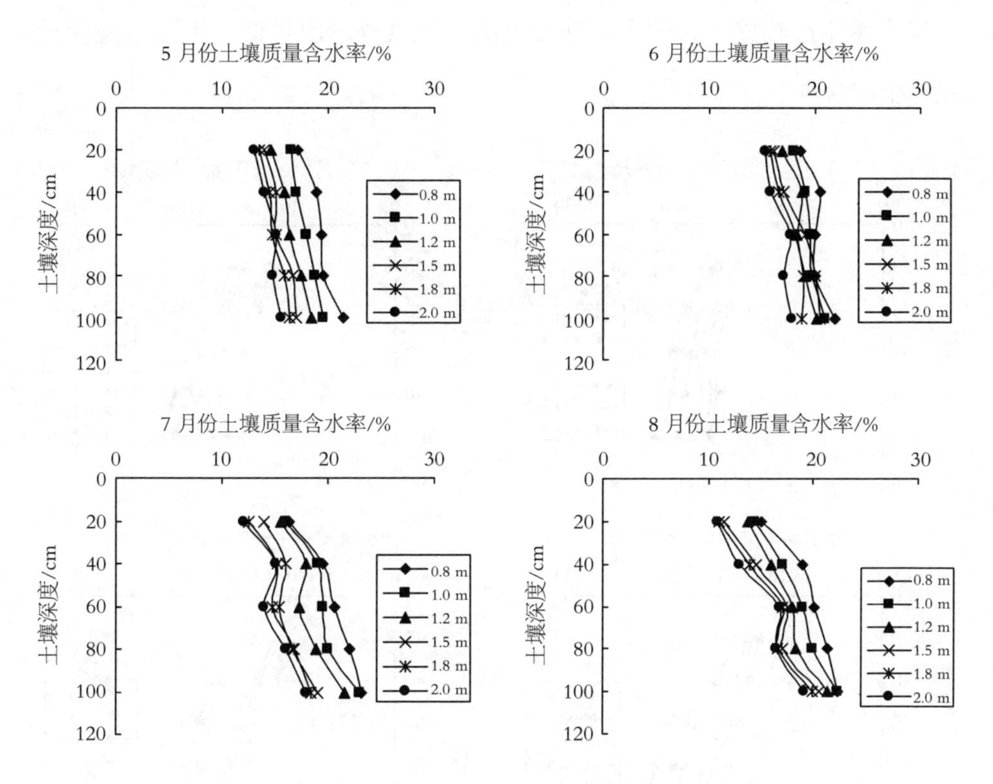

图 4-5　2014 年不同地下水埋深下土壤含水率动态变化

由图 4-5 和图 4-6 可知，2014—2015 年，5—8 月土壤土层 0~100 cm 含水率与地下水埋深密切相关，地下水埋深浅相应的土壤含水率高，地下水埋深深相应的土壤含水率低，土壤含水率整体呈逐年减少趋势，尤其是地下水埋深 1.5 m、1.8 m 和 2.0 m 的土壤含水率减少量大，且土壤深层含水率显著高于表层含水率。说明地下水埋深越深，蒸发下地下水补给土壤水越少，土壤含水率越低；地下水埋深相同，蒸发量越大，土壤水分蒸发散失越多，土壤含水率越低。不同地下水埋深的土壤表层 0~20 cm 含水率都最低，主要是研究区干旱少雨、蒸发量大，土壤表层水分蒸发最快，致使土壤含水率最低。随着土层深度的增加，土壤含水率增加，土层 80~100 cm 含水率较大，这是因为地下水埋深较浅，土层 80~100 cm 地下水补给土壤水较多，相应含水率较大。综上所述，试验区干旱少雨、蒸发量大，地下水埋深对龟裂碱土土壤含水率影响显著，地下水埋深越深，土壤含水率越低；地下水埋深越浅，土壤含水率越高。

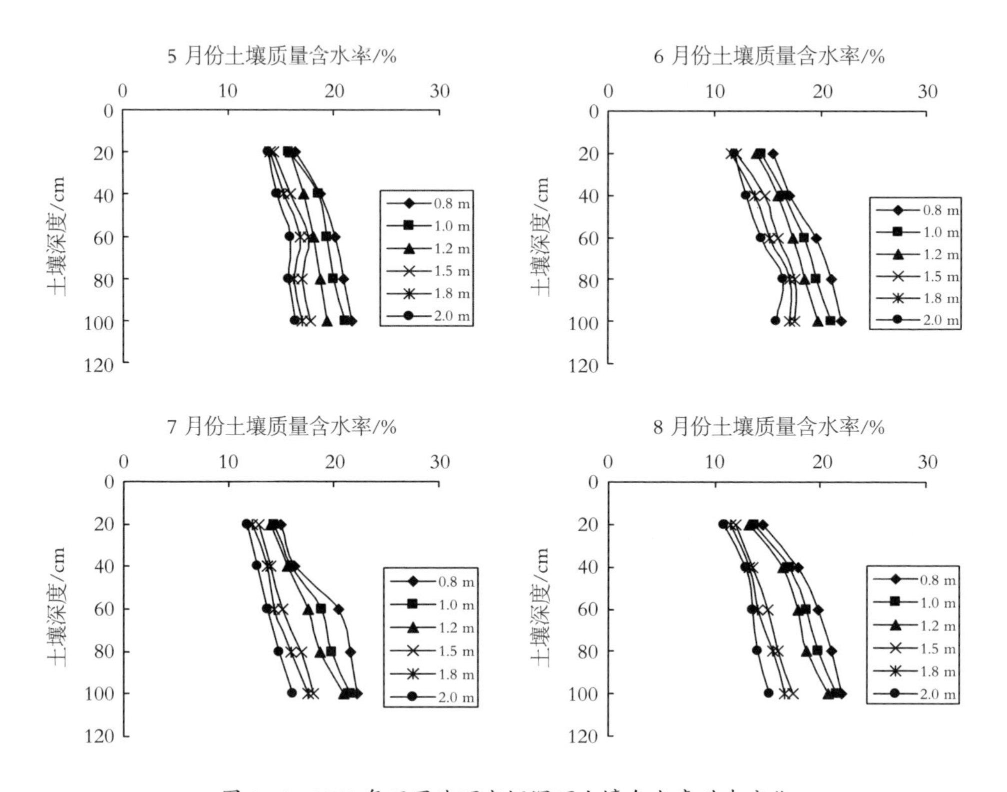

图 4-6　2015 年不同地下水埋深下土壤含水率动态变化

4.3.6　龟裂碱土原土全盐和碱化度在不同地下水埋深的分布特征

地下水蒸发，携带的盐分积累到土壤中，当土壤盐分累积过量，土壤成为盐碱土。一般情况下，地下水埋深越浅，蒸发量越大，土壤盐分积累越多。如图 4-7 至图 4-10 所示，不同地下水埋深下土壤各层全盐和碱化度变化较大，尤其是土壤表层 0~20 cm 显著大于其他土层。7 月、8 月蒸发量最大，土壤各层变化明显，其他月份土壤各层变化不明显。旱季较雨季表层积盐显著。龟裂碱土在地下水埋深大于 1.5 m，对土壤全盐和碱化度的影响不显著，土壤盐碱化程度较低；地下水埋深小于 1.5 m，对土壤全盐和碱化度的影响显著，表层积盐随地下水埋深变浅而增加，其他土层的盐分相应也增加，土壤盐碱化程度较高。地下水埋深小于 1.5 m，地下水矿化度越高，土壤全盐越高，说明龟裂碱土地下水埋深小于 1.5 m，在蒸发条件下地下水易向土壤表层迁移，水分蒸发可溶性盐离子汇聚到土壤表层。

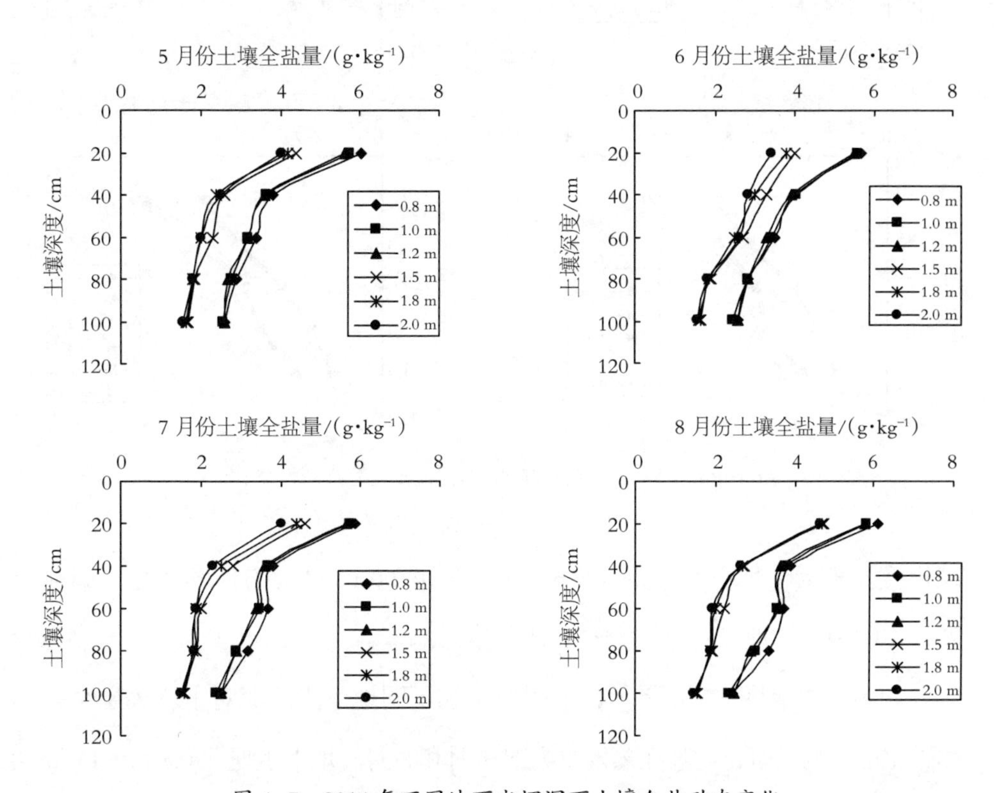

图 4-7　2014 年不同地下水埋深下土壤全盐动态变化

如图 4-7 至图 4-10 所示，地下水埋深 1.5 m、1.8 m 和 2.0 m 土层 0~100 cm土壤全盐和碱化度较小且各埋深之间变化不明显；地下水埋深 1.0 m 和 1.2 m 土层 0~100 cm 土壤全盐和碱化度较大且各埋深之间变化较明显；地下水埋深 0.8 m 土层 0~100 cm 土壤全盐和碱化度最大。不同地下水埋深的土壤全盐和碱化度在土层 0~40 cm 变化最大，全盐和碱化度最大，土层 40~100 cm 变化较小。地下水埋深 0.8 m、1.0 m 和 1.2 m 对应的土壤全盐和

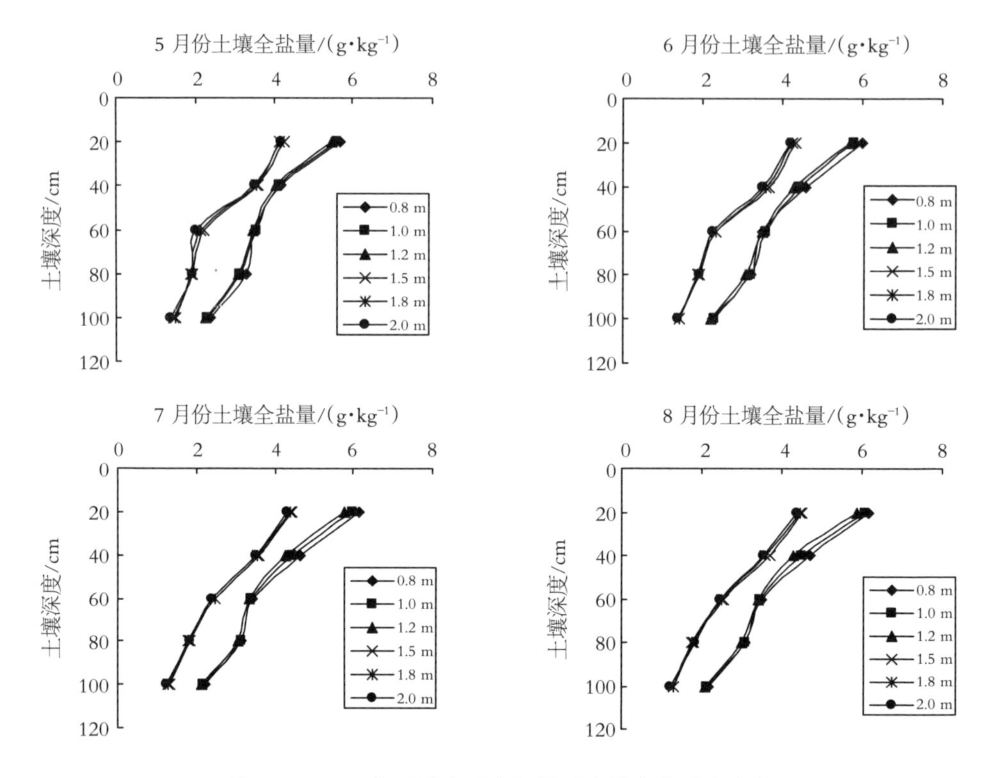

图 4-8　2015 年不同地下水埋深下土壤全盐动态变化

碱化度显著大于地下水埋深 1.5 m、1.8 m 和 2.0 m 对应的土壤全盐和碱化度，说明地下水埋深对土壤全盐和碱化度影响较大。

如图 4-7 至图 4-10 所示，不同月份和不同地下水埋深对土壤表层全盐和碱化度影响显著，尤其在蒸发量大的 7 月和 8 月，地下水埋深 0.8 m、1.0 m 和 1.2 m 对应的土壤在蒸发作用下灌溉淋洗到深层的盐分和地下水盐分上升到土壤表层量大，5 月和 6 月土壤表层返盐量较小。这主要是地下水的损失主要靠潜水蒸发，地下水埋深越浅，土壤表层越易积盐，表层全盐和碱化度越大。地下水埋深逐渐增加，土壤各层平均全盐和碱化度逐渐减小。2015 年 5—8 月地下水埋深为 0.8 m、1.0 m、1.2 m、1.5 m、1.8 m 和 2.0 m，其对应土壤表层全盐分别为 7.7~9.0 g/kg、7.5~9.0 g/kg、7.2~8.3 g/kg、5.9~7.6 g/kg、5.8~7.4 g/kg 和 5.7~7.2 g/kg，碱化度分别为 60.6%~74.0%、57.6%~72.0%、

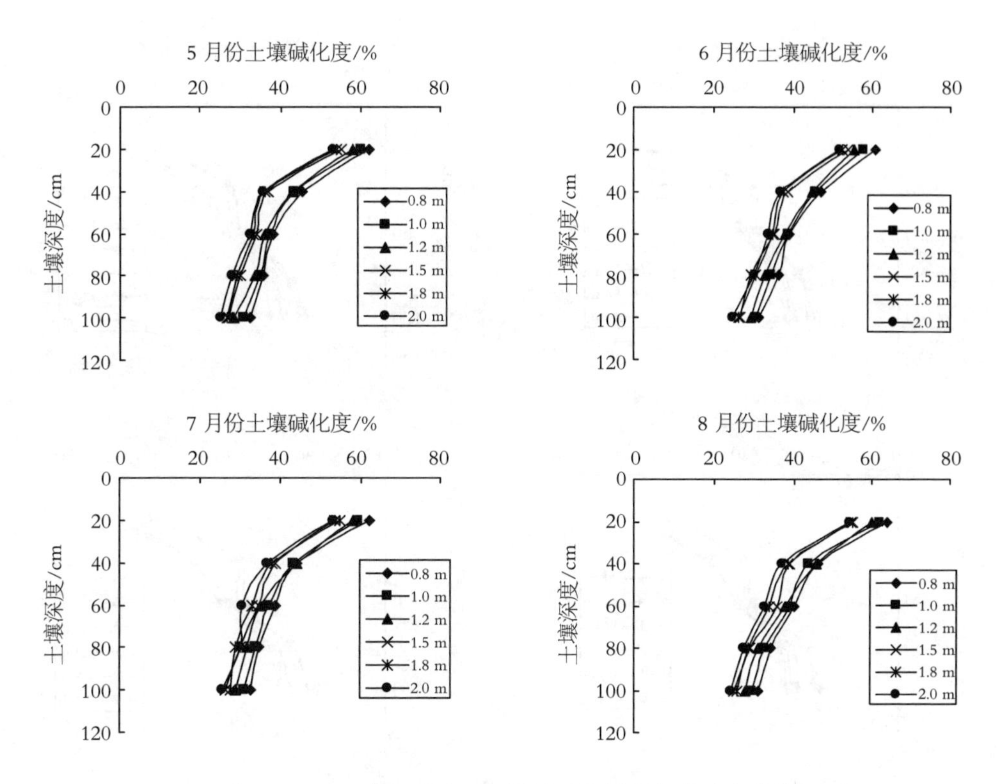

图 4-9　2014 年不同地下水埋深下土壤碱化度动态变化

55.3%~69.9%、49.2%~62.0%、48.6%~61.5%和 48.2%~61.2%。土层 0~100 cm 土壤平均全盐和碱化度表现为地下水埋深 0.8 m>1.0 m>1.5 m>1.8 m>2.0 m。

结合图 3-3、图 3-4 和图 4-7 至图 4-10 所示，2013—2015 年龟裂碱土荒地的全盐和碱化度逐年增加，地下水埋深 0.8~1.0 m 对应的土壤全盐和碱化度增加的较多，尤其是土壤表层；地下水埋深大于 1.5 m 土壤全盐和碱化度增加较小。

综上所述，土壤全盐和碱化度与地下水埋深密切相关，地下水埋深越深，地下水补给土壤的水分越少，土壤全盐和碱化度越低。由于研究区干旱少雨，蒸发强烈，地势低洼，在大水漫灌下龟裂碱土地下水埋深普遍较浅，矿化度较高，土壤含水率较高，土壤表层水分蒸散量大，盐分聚积量大，严重制约龟裂碱土开发利用和可持续发展。

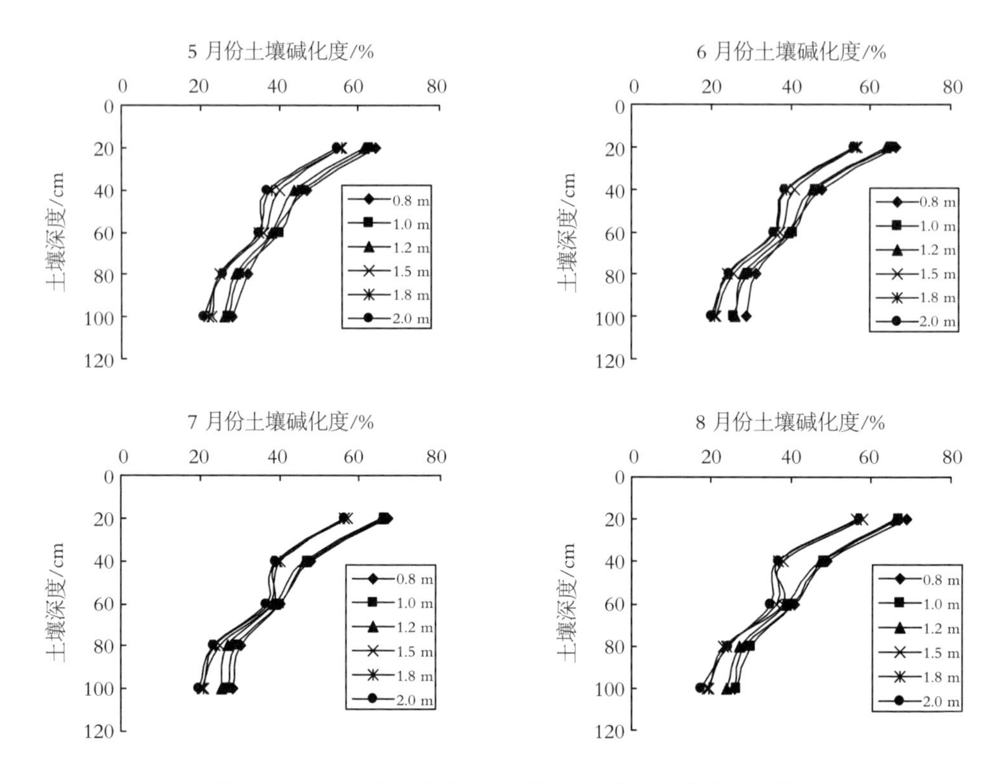

图 4-10　2015 年不同地下水埋深下土壤碱化度动态变化

4.3.7　不同地下水埋深对龟裂碱土盐分离子的动态变化

2014—2015 年，5—8 月地下水盐分阴阳离子时空变化特征见图 4-11 至图 4-21，在不同地下水埋深 0.8 m、1.0 m、1.2 m、1.5 m、1.8 m 和 2.0 m 下，土壤离子含量主要在土层 0~40 cm 变化强烈，土层 40~80 cm 变化较平缓，土层 > 80 cm 变化较小。土壤各土层中 Na^+、Cl^-和 SO_4^{2-}含量较多，各土层各离子含量随着地下水埋深的增加而减小。Na^+、Cl^-、HCO_3^-和 SO_4^{2-}变化幅度明显，Ca^{2+}和 Mg^{2+}变化幅度并不明显，这和其含量较低有关系。阴阳离子含量在土壤表层 0~20 cm 最高，逐层减少再增大，土层 80~100 cm 阴阳离子含量略高于土层 60~80 cm，主要是由于土层 80~100 cm 靠近或接触地下水，且地下水矿化度较大。土壤阴阳离子的时空变化规律跟其对应的土壤全盐和碱化度变化规律一致。

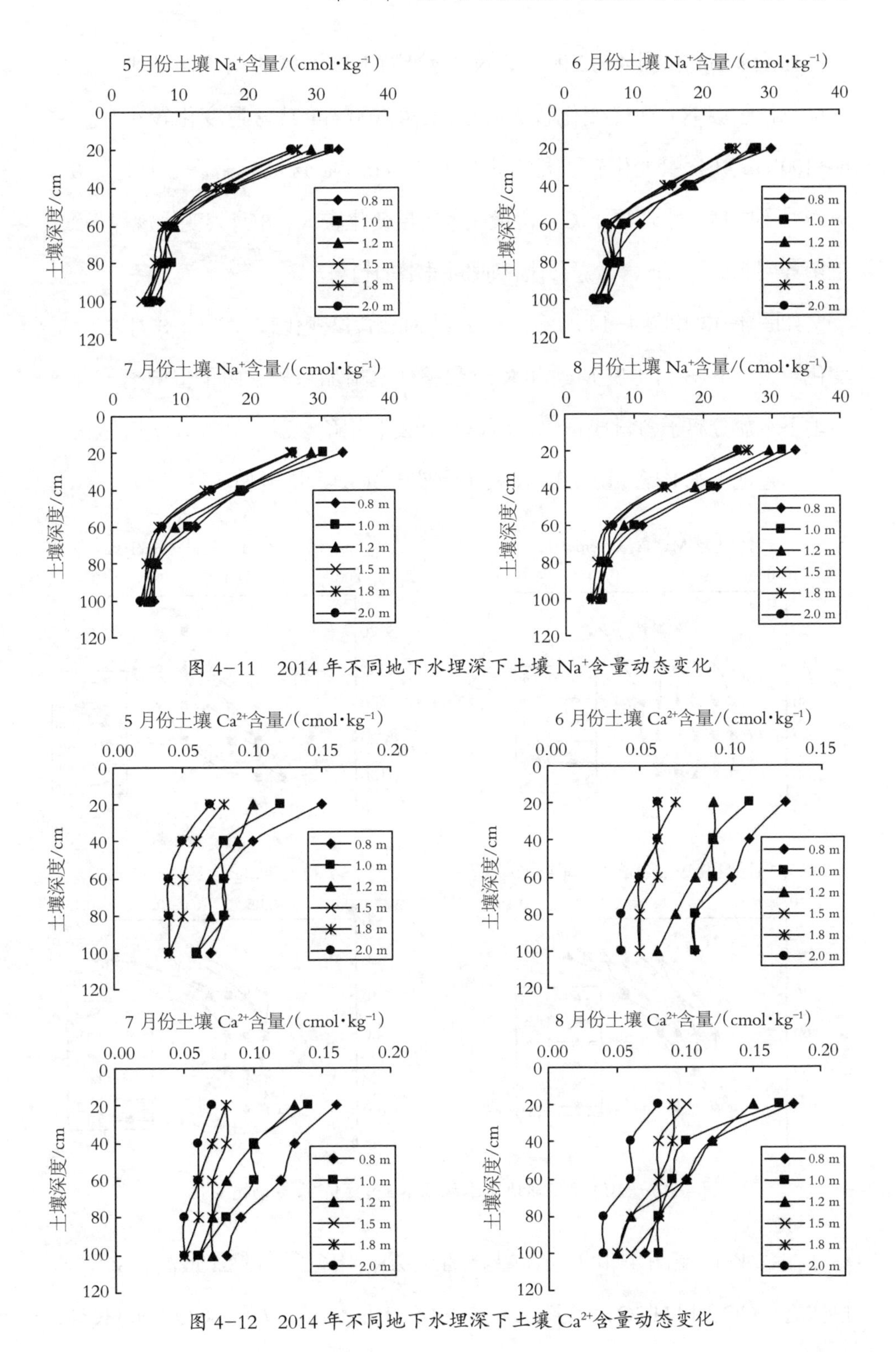

图 4-11　2014 年不同地下水埋深下土壤 Na^+ 含量动态变化

图 4-12　2014 年不同地下水埋深下土壤 Ca^{2+} 含量动态变化

如图 4-11 和图 4-12 所示，Na^+含量随土壤深度的增加而减小，土层 0~60 cm 土壤 Na^+含量变化较大，土层 60~100 cm 其含量变化较小，土层 80~100 cm 其含量变化较平稳。土层 0~20 cm Na^+含量显著高于其他土层。5—7月不同地下水埋深下 Ca^{2+}含量在各土层变化较大，8 月其变化规律一致。土壤各层 Na^+和 Ca^{2+}含量总体上随时间呈增加趋势。

如图 4-13 和图 4-14 所示，5—6 月 Mg^{2+}含量变化较大，5—8 月 K^+含量变化较大。5—8 月土壤 Mg^{2+}和 K^+含量整体呈增加趋势。由于土壤离子含量与地下水盐分离子含量成正比，所以在开发利用龟裂碱土期间，土壤施入钾肥，引起地下水 K^+含量增加，蒸发下致使土壤 K^+含量增加。

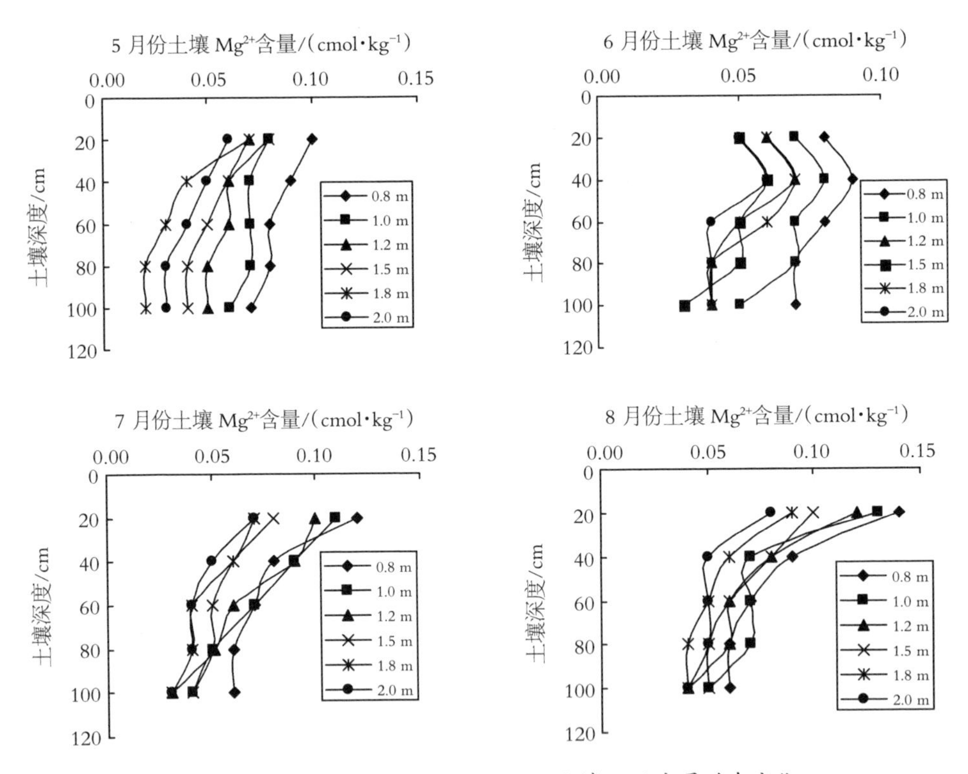

图 4-13　2014 年不同地下水埋深下土壤 Mg^{2+}含量动态变化

如图 4-15 至图 4-18 所示，土壤各土层中阴离子含量 Cl^-最高，SO_4^{2-}含量次之，CO_3^{2-}和 HCO_3^-含量较少。5—8 月土壤 SO_4^{2-}、Cl^-、CO_3^{2-}和 HCO_3^-

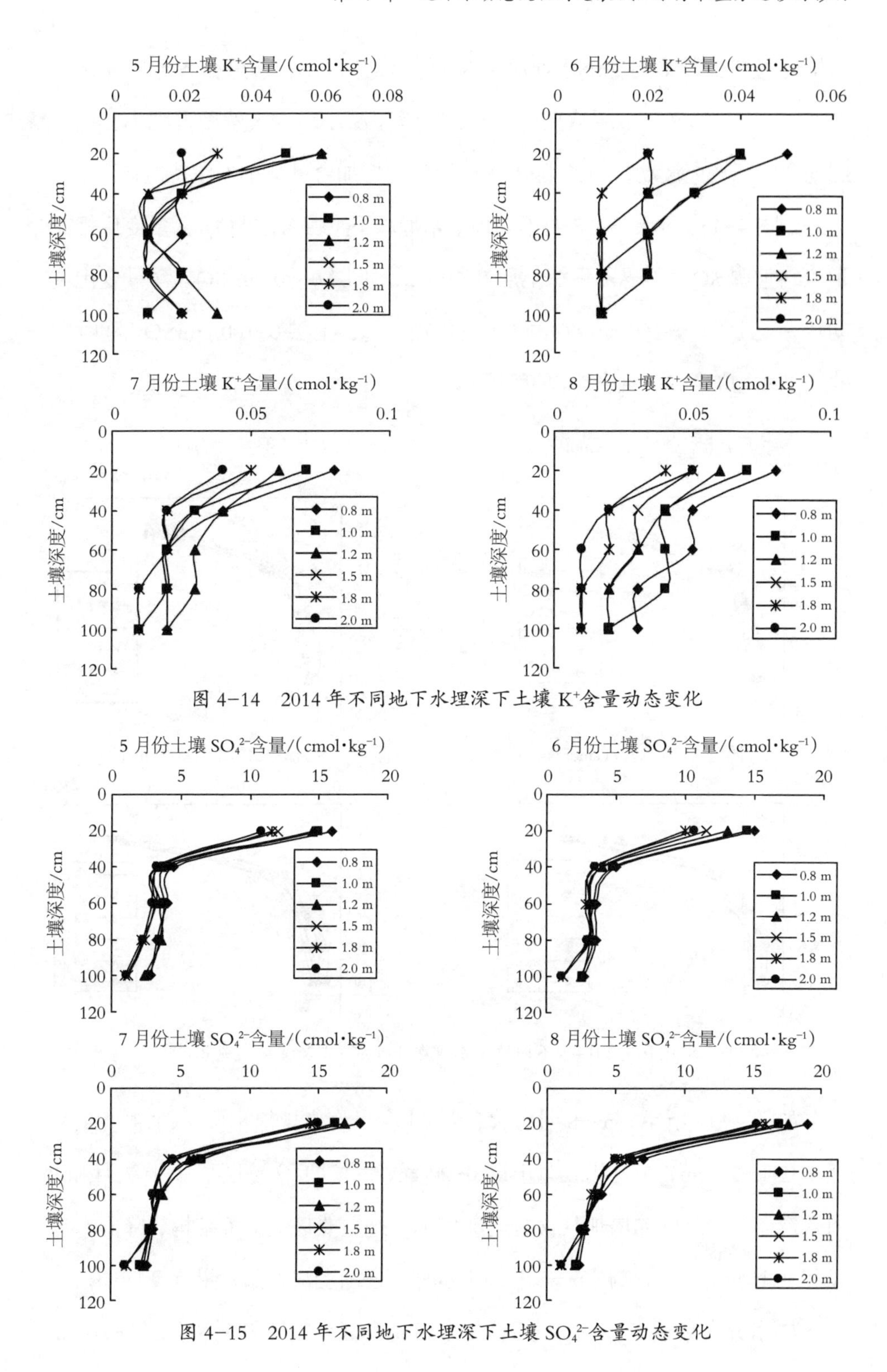

图 4-14　2014 年不同地下水埋深下土壤 K^+含量动态变化

图 4-15　2014 年不同地下水埋深下土壤 SO_4^{2-}含量动态变化

含量逐月增加，不同地下水埋深下 SO_4^{2-}、Cl^-和 CO_3^{2-}含量在各土层变化规律一致。5 月和 6 月土层从上而下 HCO_3^-含量减小再增大然后再减小，每一层均会出现较大波动；CO_3^{2-}随着土层深度的增加含量减小再保持恒定。

如图 4-15 所示，5—8 月不同地下水埋深下土壤各层 SO_4^{2-}含量变化规律相似，土壤 SO_4^{2-}主要累积在土层 0~20 cm，土层 0~40 cm SO_4^{2-}含量变化波动较大；土层 40~100 cm SO_4^{2-}含量变化较平稳；土层 0~100 cm SO_4^{2-}随时间的增加呈增加趋势，但增加幅度不大。

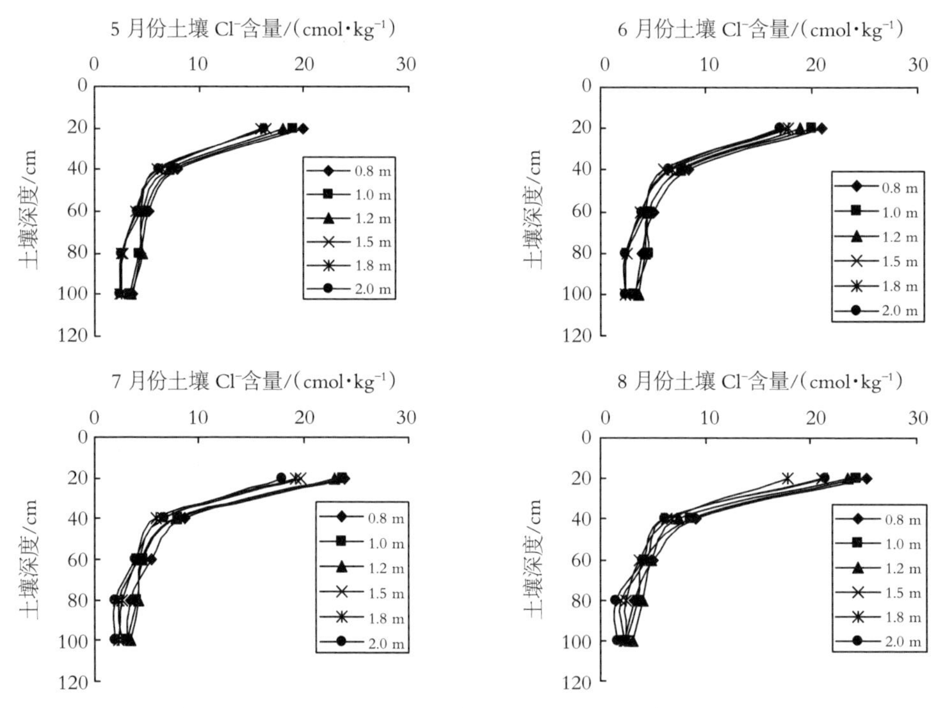

图 4-16　2014年不同地下水埋深下土壤 Cl^-含量动态变化

如图 4-16 所示，5—8 月土壤各层 Cl^-含量变化规律相似，Cl^-主要累积在土层 0~20 cm，5 月和 6 月土层 0~20 cm 土壤 Cl^-含量明显少于 7 月和 8 月含量，随着时间的增加其含量逐渐增加，这主要是受土壤结构、降雨、蒸发和地下水埋深的影响。5—8 月地下水埋深逐渐变浅，蒸发量逐渐增加，土壤各层水分含量逐渐升高，土壤 Cl^-含量也升高。7 月和 8 月土层 0~20 cm

土壤 Cl^-含量增加显著，土层 40~60 cm 土壤 Cl^-含量变化较平稳。结合表 2-4 和图 4-5，土壤 SO_4^{2-}和 Cl^-的迁移量受到土壤含水率、蒸发量和地下水埋深的影响较大。

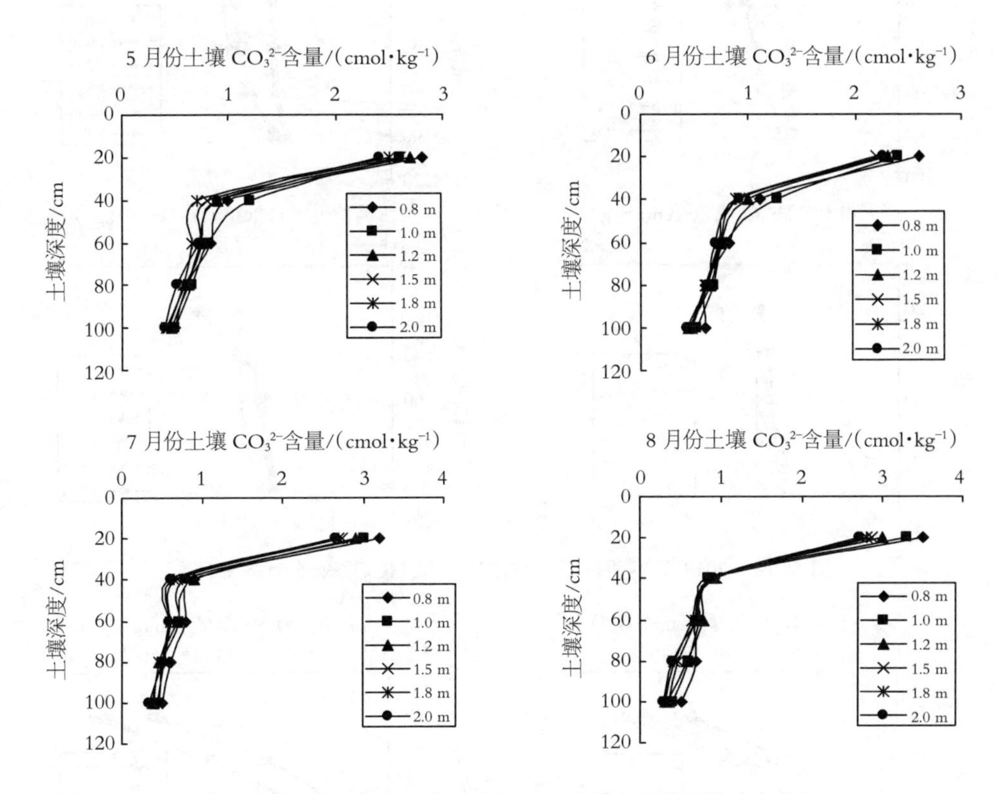

图 4-17　2014 年不同地下水埋深下土壤 CO_3^{2-}含量动态变化

如图 4-17 所示，土壤各层 CO_3^{2-}含量较少，不同地下水埋深下土壤各层 CO_3^{2-}含量变化规律相似，CO_3^{2-}含量自上而下呈减小趋势，呈现表层聚积。土层 0~40 cm CO_3^{2-}含量变化波动较大，土层 40~100 cm CO_3^{2-}含量逐渐减小。5—8 月土层 0~40 cm CO_3^{2-}含量逐月增加。

如图 4-18 所示，土壤中 HCO_3^-含量较少，随土层自上而下总体上其含量减小。5 月和 6 月不同地下水埋深下土层 0~60 cm 各层 HCO_3^-变化较大，7 月和 8 月变化较小；5—8 月土壤 HCO_3^-含量总体呈增加趋势。

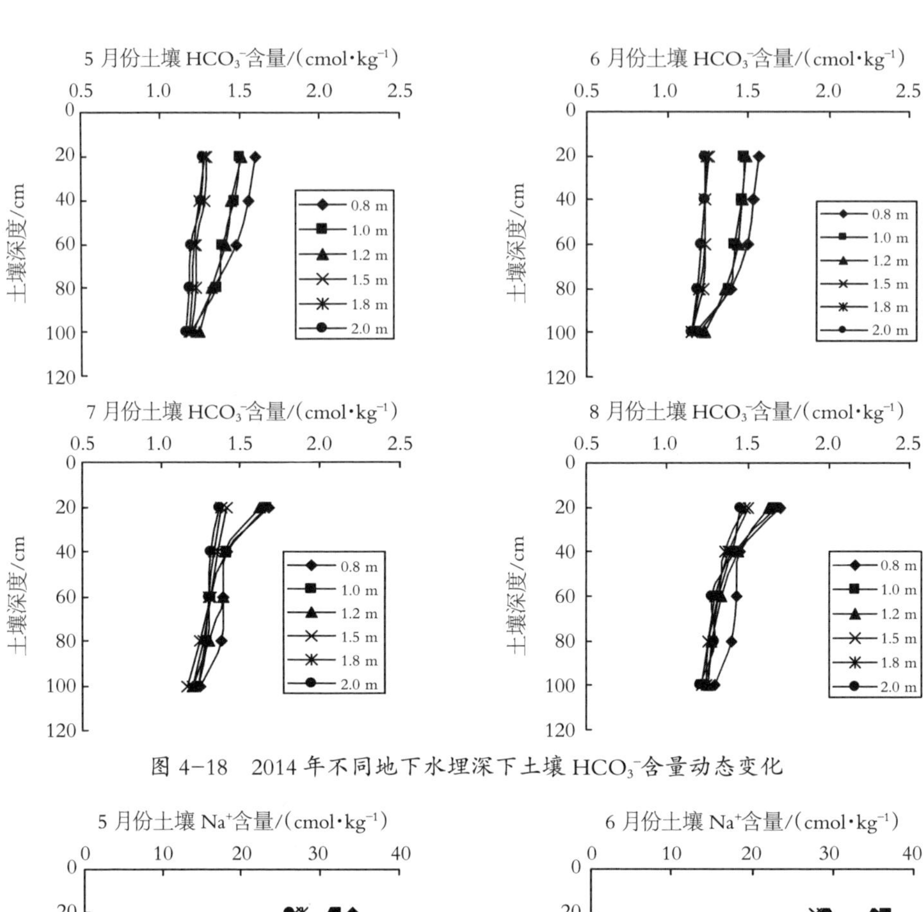

图 4-18　2014 年不同地下水埋深下土壤 HCO_3^-含量动态变化

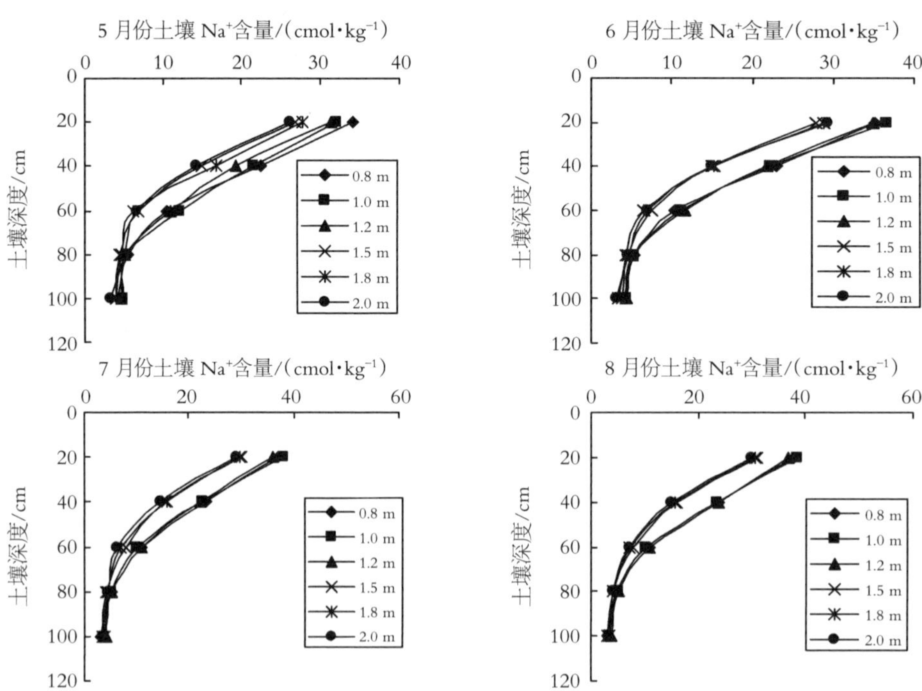

图 4-19　2015 年不同地下水埋深下土壤 Na^+含量动态变化

如图 4-19 所示，Na^+主要分布在土层 0~40 cm，其含量为 10.2~41.6 cmol/kg。2015 年 5—8 月，不同地下水埋深下 Na^+含量在土层 0~100 cm 分布规律与 2014 年 5—8 月一致，2015 年土层 0~40 cm Na^+含量大于 2014 年，土层 80~100 cm Na^+含量变化较小，这主要是新垦龟裂碱土灌溉洗盐，致使地下水埋深变浅，矿化度升高，在蒸发下，土壤聚集的盐分离子和地下水盐分离子上升到土壤表层，造成土壤表层 Na^+含量增加较大，而且洗盐和积盐在交替循环中。

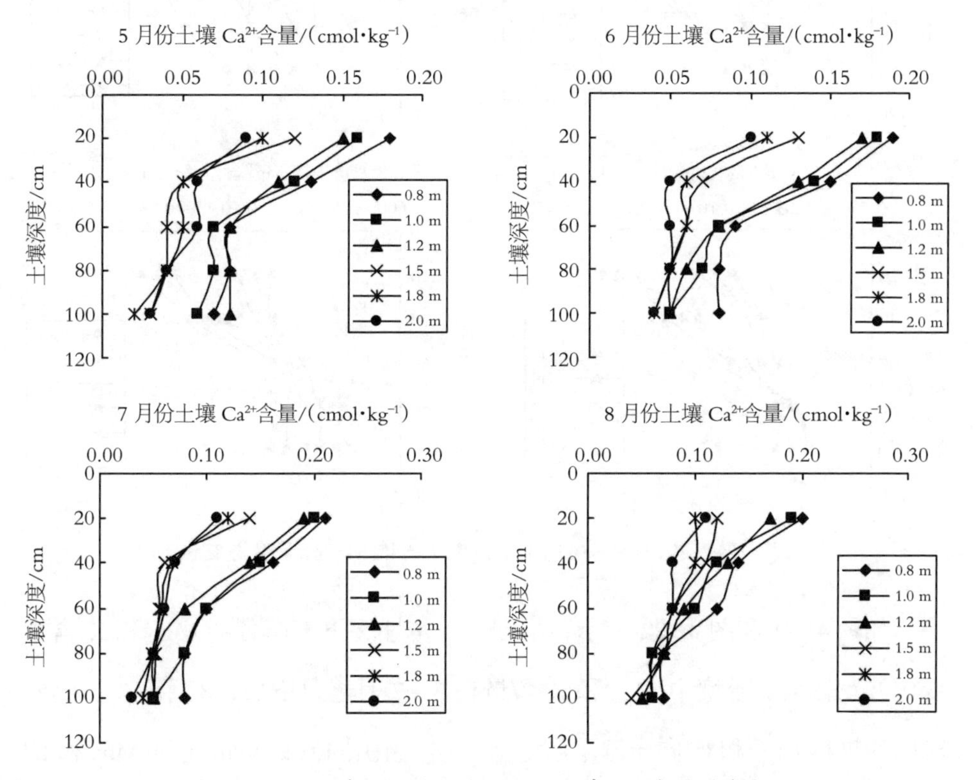

图 4-20　2015 年不同地下水埋深下土壤 Ca^{2+}含量动态变化

如图 4-20 所示，不同地下水埋深下土壤各层 Ca^{2+}含量变化波动较大。5—7 月土壤 Ca^{2+}含量逐月增加，7 月土层 0~20 cm 累积量较大，其含量为 0.08~0.3 cmol/kg，8 月土层 0~20 cm 土壤 Ca^{2+}含量减小，土层 80~100 cm Ca^{2+}含量增大。这可能是受到地下水 Ca^{2+}含量变化的影响，由于龟裂碱土添加脱硫石膏改良剂，在灌溉淋洗下，地下水 Ca^{2+}含量增大，蒸发下，土壤 Ca^{2+}含量增大。结合图 4-14，2015 年 5—8 月土壤 Ca^{2+}含量大于 2014 年 5—8 月 Ca^{2+}含量，Ca^{2+}含量随时间呈增加趋势。

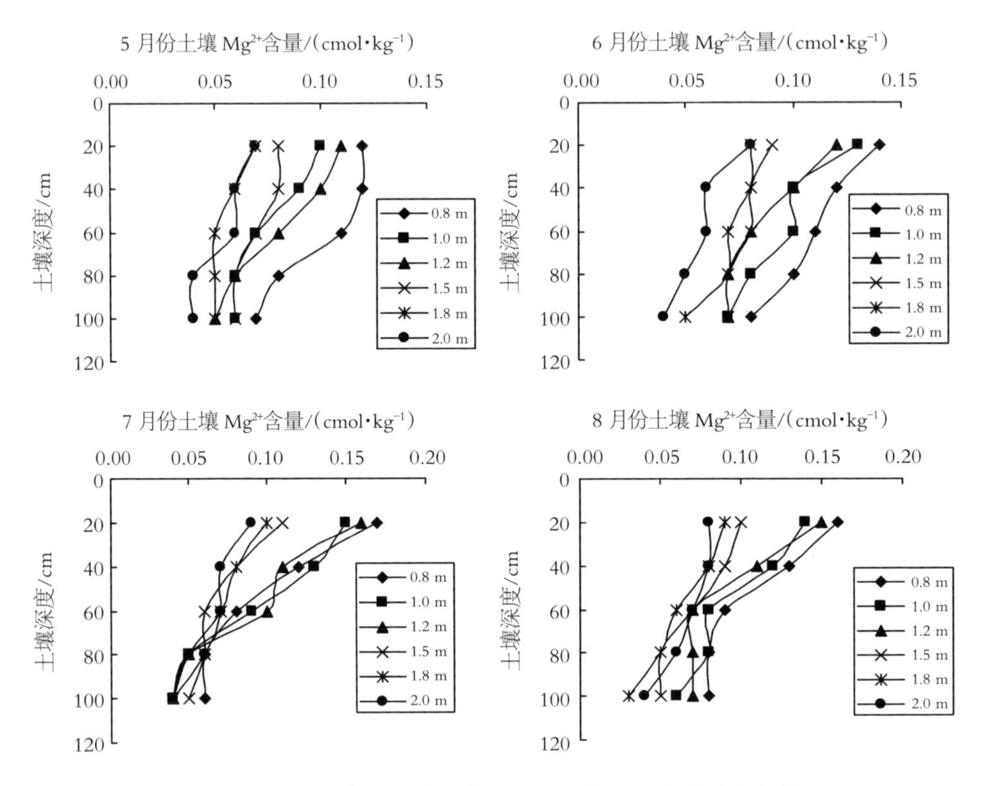

图 4-21 2015 年不同地下水埋深下土壤 Mg^{2+}含量动态变化

如图 4-21 和图 4-22 所示，不同地下水埋深下土壤各层 Mg^{2+}和 K^{+}含量变化波动较大。土壤中 Mg^{2+}和 K^{+}含量在 5—7 月逐月增加，8 月减少。随着时间的推移 Mg^{2+}和 K^{+}向土壤下层淋溶迁移，土层 40~100 cm 土壤 Mg^{2+}和 K^{+}含量增加。

综上所述，2015 年 8 月土层 0~100 cm 土壤 Na^{+}、Ca^{2+}、Mg^{2+}和 K^{+}在不同地下水埋深 0.8 m、1.0 m、1.2 m、1.5 m、1.8 m 和 2.0 m 平均含量比 2014 年 5 月分别增加 6.4%、1.6%、1.4%和 3.4%，Na^{+}增加量显著，说明随着时间的推移，土壤中 Na^{+}、Ca^{2+}、Mg^{2+}和 K^{+}的含量逐年呈增加的趋势。由于土壤

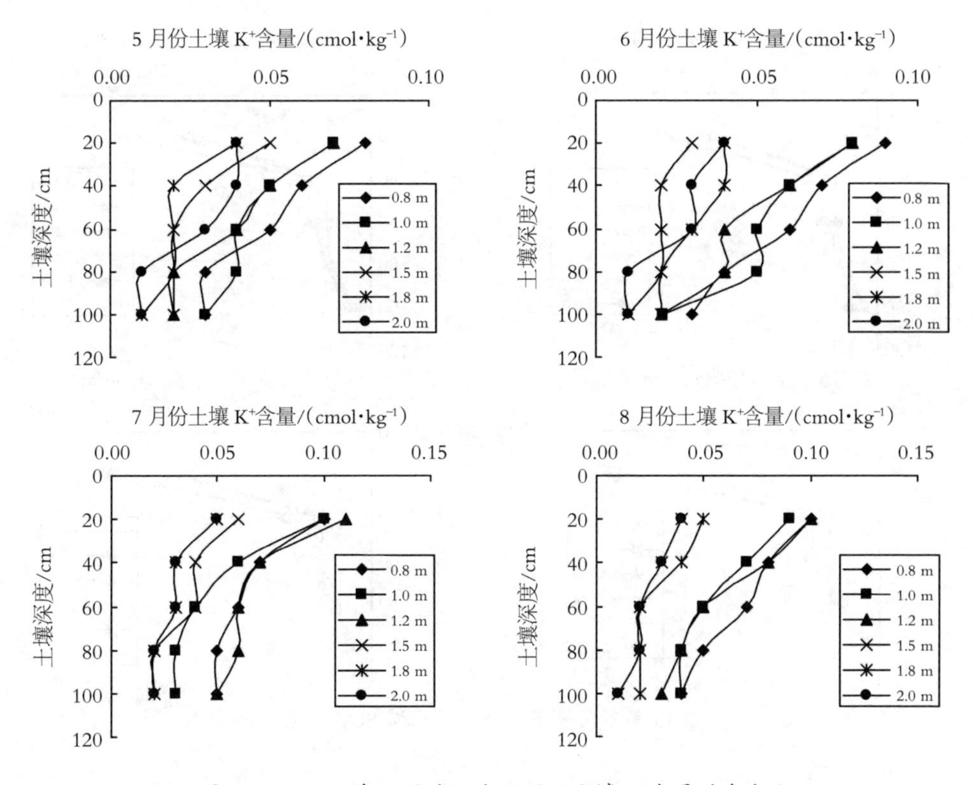

图 4-22　2015 年不同地下水埋深下土壤 K^+含量动态变化

中 Na^+大量存在，土壤颗粒极度分散，土壤水分向表层和深层迁移变慢，盐分离子累积相应变慢，向土壤深层积累受到抑制，但是研究区蒸发量远远大于降水量，整体盐分离子从底层向表层迁移。

如图 4-23 所示，土壤 SO_4^{2-}含量主要累积在土层 0~20 cm，其含量为 14.5~31.8 cmol/kg。2015 年 5—8 月不同地下水埋深下 SO_4^{2-}含量在土层 0~100 cm 分布规律与 2014 年 5—8 月一致，2015 年土层 0~20 cm SO_4^{2-}含量大于 2014 年 SO_4^{2-}含量，土层 40~100 cm SO_4^{2-}含量变化较小。

如图 4-24 所示，5—8 月 Cl^-主要累积在土层 0~20 cm，地下水埋深越浅，土壤 Cl^-含量越大。蒸发下地下水中的 Cl^-向土壤迁移，由于土壤 Cl^-向上迁移的速度和量大于向下迁移的速度和量，所以下层 Cl^-含量增加幅度较小。2014—2015 年土层 Cl^-含量整体呈增加趋势。

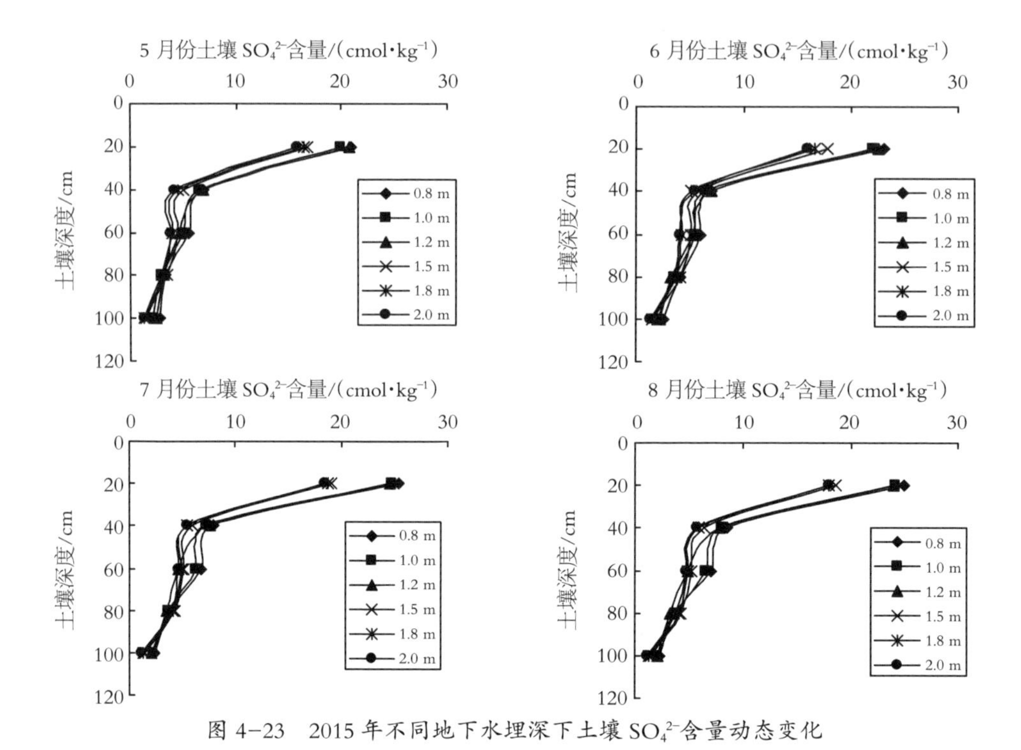

图 4-23　2015 年不同地下水埋深下土壤 SO_4^{2-}含量动态变化

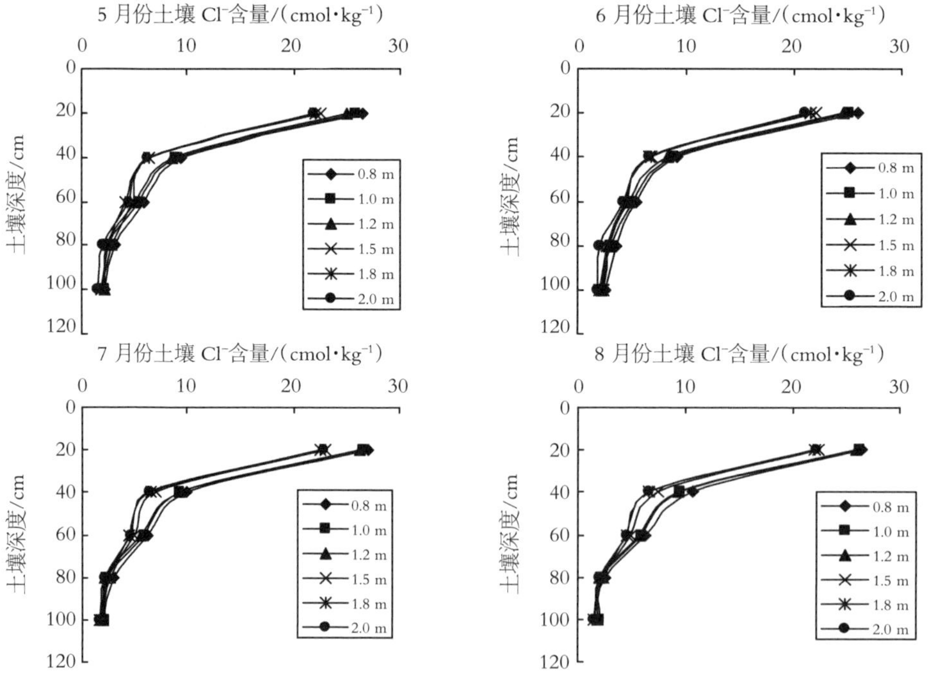

5 月份土壤 Cl^-含量/(cmol·kg^{-1})
6 月份土壤 Cl^-含量/(cmol·kg^{-1})
7 月份土壤 Cl^-含量/(cmol·kg^{-1})
8 月份土壤 Cl^-含量/(cmol·kg^{-1})
土壤深度/cm
0.8 m
1.0 m
1.2 m
1.5 m
1.8 m
2.0 m

图 4-24　2015 年不同地下水埋深下土壤 Cl^-含量动态变化

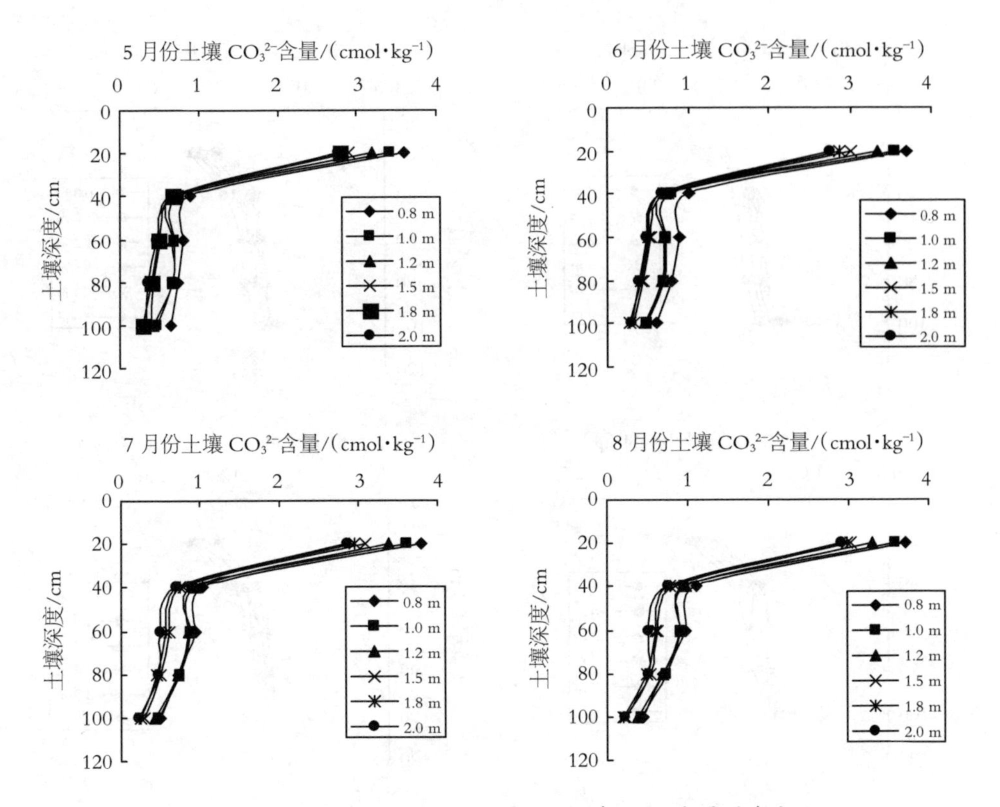

图 4-25　2015 年不同地下水埋深下土壤 CO_3^{2-}含量动态变化

如图 4-25 所示，5—7 月土壤各层 CO_3^{2-}含量逐月增加，8 月土层 0~20 cm CO_3^{2-}含量减少，土层 40~100 cm 其含量增加。2015 年土层 0~20 cm CO_3^{2-}含量大于 2014 年 CO_3^{2-}含量，土层 40~100 cm CO_3^{2-}含量变化较小。2014—2015 年土壤 CO_3^{2-}含量逐年增加。

如图 4-26 所示，5—8 月不同地下水埋深的土壤中 HCO_3^-含量变化波动较大，5—7 月土壤各层 HCO_3^-含量逐月增加，8 月土层 0~100 cm HCO_3^-含量减小。2014—2015 年不同地下水埋深下各土层 HCO_3^-含量逐年呈增加趋势。

综上所述，2015 年 8 月土层 0~100 cm 土壤 SO_4^{2-}、Cl^-、CO_3^{2-}和 HCO_3^-在不同地下水埋深 0.8 m、1.0 m、1.2 m、1.5 m、1.8 m 和 2.0 m 平均含量比 2014 年 5 月分别增加了 6.2%、6.8%、1.6%和 4.3%，SO_4^{2-}和 Cl^-增加量显著。说明随着时间的推移，土壤中 SO_4^{2-}、Cl^-、CO_3^{2-}和 HCO_3^-的含量呈逐年增加

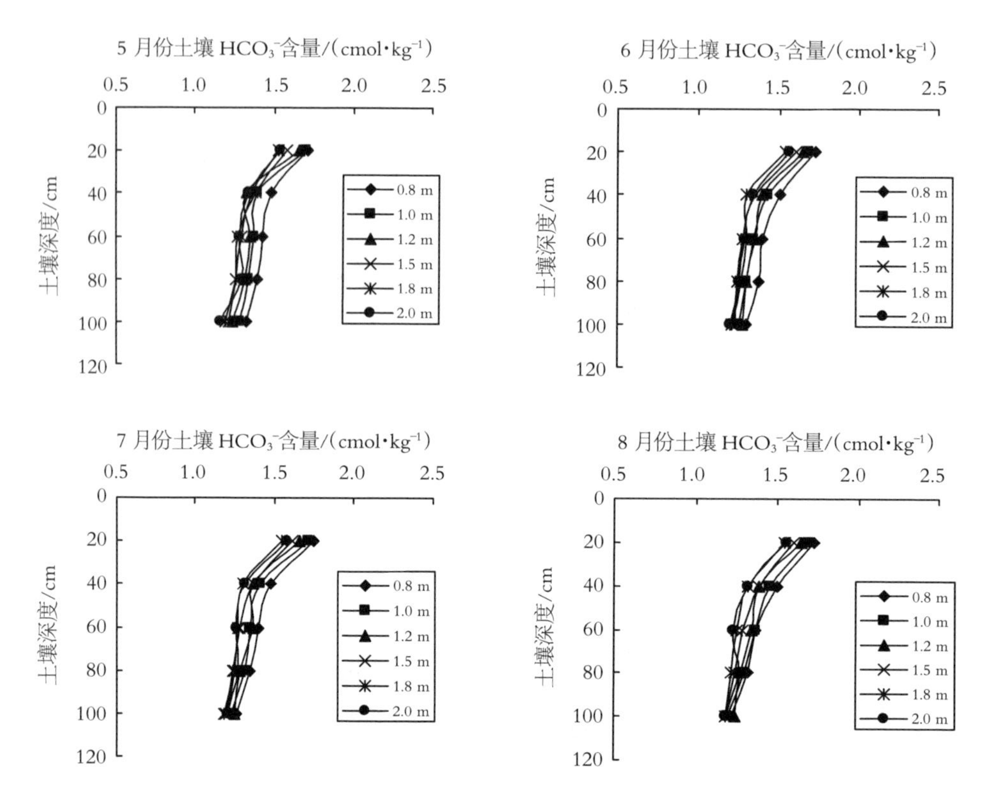

图 4-26　2015 年不同地下水埋深下土壤 HCO_3^-含量动态变化

的趋势。

4.3.8　龟裂碱土地下水埋深年内和年际时空变化特征

研究区 2013 年 4 月开始对龟裂碱土荒地开发，利用灌溉洗盐导致地下水埋深居浅不深，严重影响洗盐效果。地下水埋深随冻融期（1—3 月）和灌溉期（4—11 月）的变化而变化。1—3 月浅层地下水埋深逐渐增大，4—8 月浅层地下水埋深受灌溉的影响变浅，8 月中旬灌区停止灌溉，10 月中旬开始冬灌，到 11 月份浅层地下水埋深最浅。这是由于区域地势北高南低，东高西低，东北最深，中间最浅，并且中间排水不畅，易于积水而抬高地下水位。2014—2015 年，3—11 月采取人工措施暗管和明沟排水相结合，在作物关键生育期将地下水埋深调控在 1.5 m 左右。2014 年 4—11 月灌水总量为 266 591 t，明沟排水量为 114 761.6 t，暗管排水量为 20 273 t；2015 年 4—11

月灌水总量为 206 600 t，明沟排水量为 107 760 t，暗管排水量为 38 560 t。

在暗管和明沟排水排盐相结合下，2014 年和 2015 年各观测井地下水埋深如图 4-27 所示，在油葵关键生育期 5—7 月将 15 眼观测井地下水埋深调控到 1.5 m 左右，最深为 1.75 m，最浅为 1.12 m。冬灌洗盐后，地下水埋深急剧变浅，最浅为 0.85 m，最深为 1.62 m。将地下水埋深调控到 1.5 m 左右，否则会导致土壤盐分持续增加，对土壤盐分的防控带来威胁。

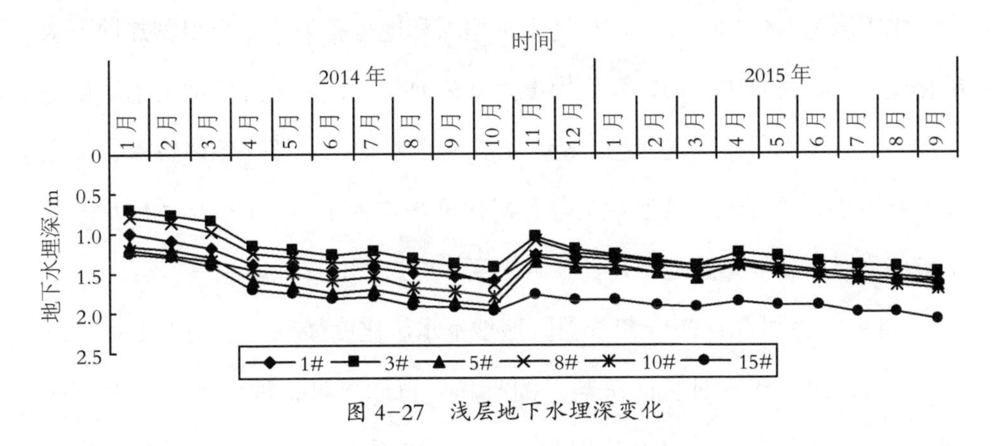

图 4-27　浅层地下水埋深变化

如图 4-28 所示，2013—2015 年 3 年的地下水埋深变化规律基本一致，灌溉期和冬灌期地下水埋深较浅，冻融期地下水埋深较深，但同一时间的地下水埋深相差很大，这与区域地形有关。2014 年和 2015 年通过暗管排水和明沟排水进行地下水埋深调控，在每年的 4—8 月，将地下水埋深调控到

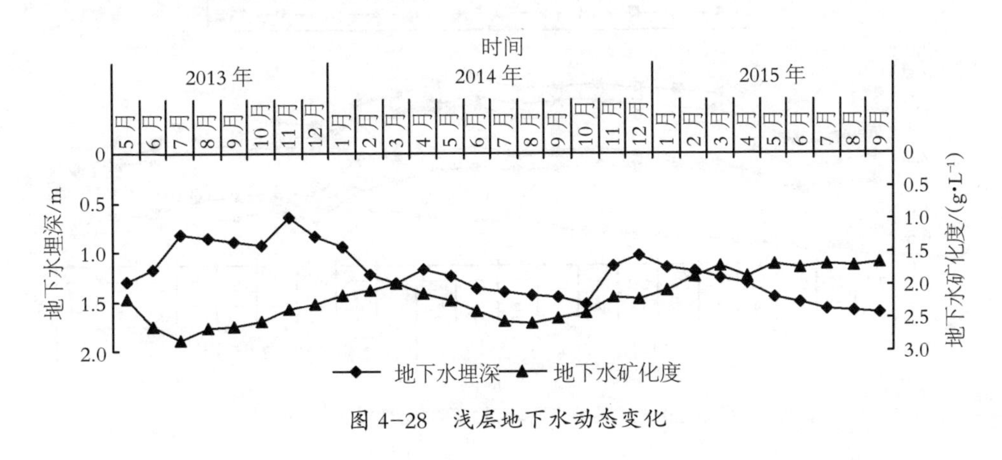

图 4-28　浅层地下水动态变化

1.5 m左右。

4.3.9 龟裂碱土地下水矿化度年内和年际时空变化特征

地下水矿化度是地下水全部阴离子和阳离子含量之和，是反映地下水水质的一个重要指标。研究区灌溉水黄河水年平均矿化度为0.345 g/L，年灌水量为186 700 t，引入盐分为64.4 t；排水年平均矿化度为2.69 g/L，排水量为114 761.6 t，排出盐分为313.4 t。研究区域每个观测井之间地下水矿化度变化幅度为0.6~1.8 g/L，这与地下水埋深和地势有关；每个观测井地下水矿化度1—12月变化不大，变化幅度为0.3~0.9 g/L，说明区域地下水矿化度波动不大，基本保持稳定状态。5#、15# 观测井地下水埋深始终较深、矿化度始终较小，显著低于其他观测井，矿化度平均为1.55 g/L；3# 和 8# 地下水矿化度显著高于其他观测井，其矿化度平均为2.86 g/L。

如图4-29可知，2014年3月区域地下水矿化度最低，平均为1.81 g/L；3月以后，由于作物种植前洗盐、灌溉和生育期灌溉，地下水矿化度相应增加。4—12月平均矿化度分别为2.2 g/L、2.46 g/L、2.50 g/L、2.54 g/L、2.58 g/L、2.56 g/L、2.52 g/L、2.64 g/L和2.59 g/L，总体上呈增加趋势。这是因为洗盐使土壤大量盐分进入地下水，还有灌溉时大水漫灌导致地下水位居高不下，由于潜水蒸发量大，致使大量的盐分聚集在地下水中，矿化度相

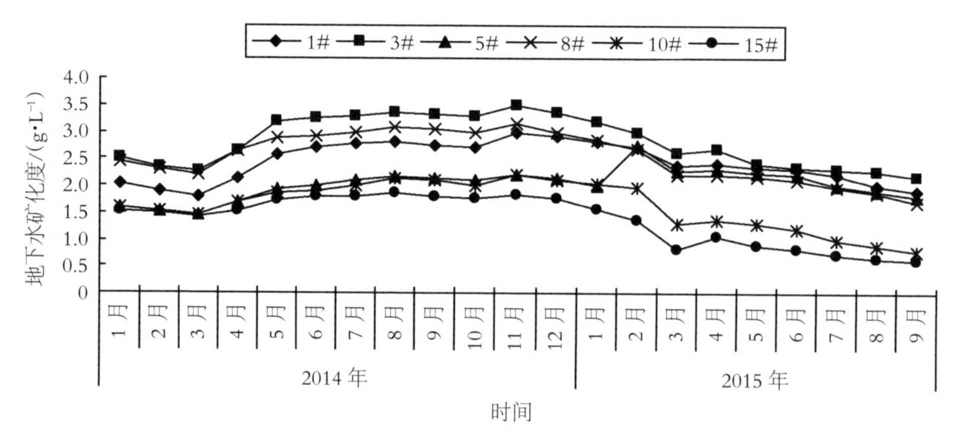

图4-29 浅层地下水调控下矿化度动态变化

应增大。8 月中旬到 10 月中旬，停止灌溉，由于土壤水分蒸发，土壤中的盐分又聚集在土壤表层，11 月冬灌时将其大量的盐分被淋洗到浅层地下水中，此时，地下水矿化度在年内最高为 2.64 g/L。2015 年地下水矿化度逐月减小，这说明龟裂碱土盐分含量逐月减少。结合图 4–28，2013—2015 年地下水矿化度逐年减小，说明龟裂碱土每年呈脱盐趋势。

4.3.10　浅层地下水 pH 动态变化

pH 反映地下水水质酸碱性，中性水质 pH 为 7.0~8.5。由图 4–30 可知，1—12 月各观测井地下水 pH 为 7.38~9.53，pH 变化幅度不大，平均为 8.01，呈现弱碱性；8# 井 9 月和 10 月 pH 大于 8.5。2014—2015 年地下水 pH 年内变化总体呈下降趋势。

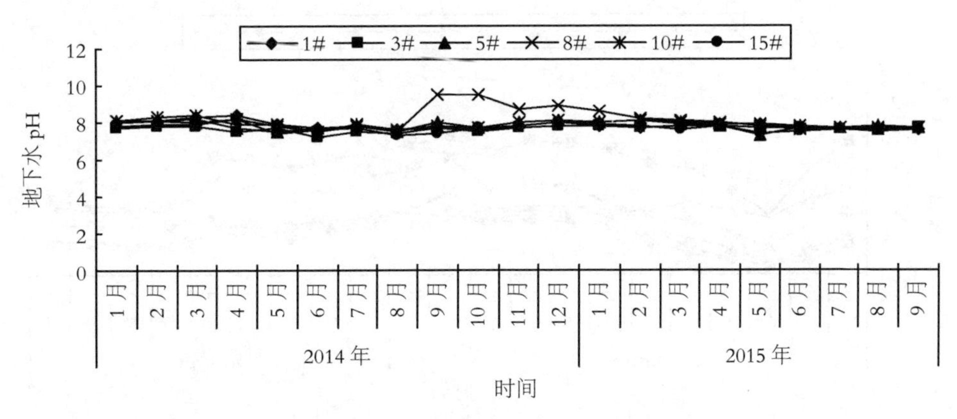

图 4–30　浅层地下水 pH 动态变化

4.3.11　龟裂碱土地下水盐分离子年内和年际时空变化特征

由图 4–31a、图 4–31b、图 4–31c 和图 4–31d 可知，地下水阳离子 Na^+、Mg^{2+}、Ca^{2+}和 K^+含量随灌溉制度而变化，Na^+含量最高，年平均为 0.72 g/L；K^+含量最低，年平均为 0.011 g/L。部分 Na^+、Mg^{2+}、Ca^{2+}和 K^+来自于土壤盐分离子和灌溉水盐分离子进入地下水。阳离子年内平均含量为 $Na^+ > Ca^{2+} > Mg^{2+} > K^+$。

如图 4–31a 所示，不同地下水埋深的地下水 Na^+含量相差显著，3# 地

下水 Na^+含量显著高于 15#，观测井地下水 Na^+含量 3# > 8# > 1# > 10# > 5# > 15#。2014 年和 2015 年的 1—3 月地下水 Na^+含量呈减少趋势，4—11 月呈

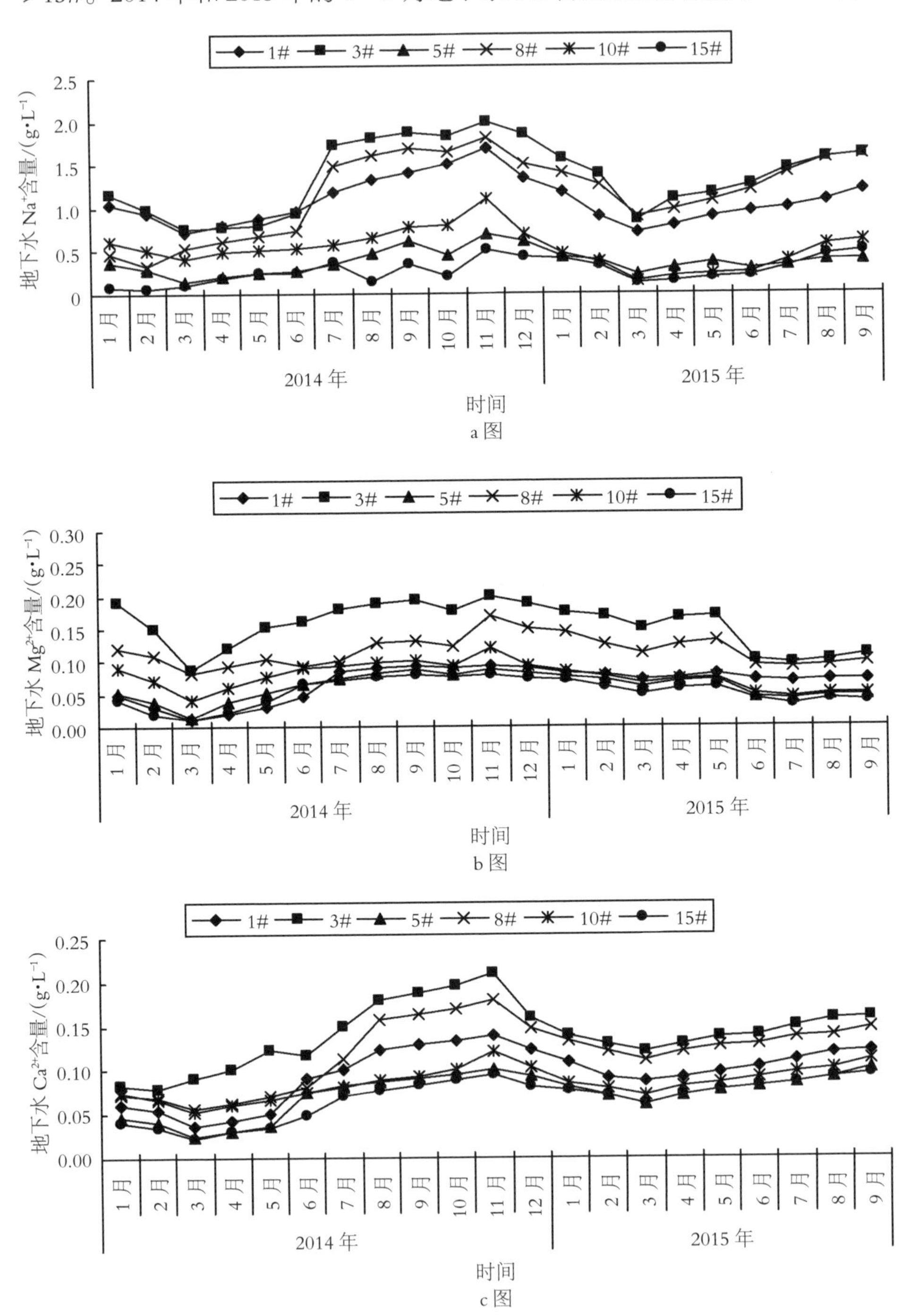

a 图

b 图

c 图

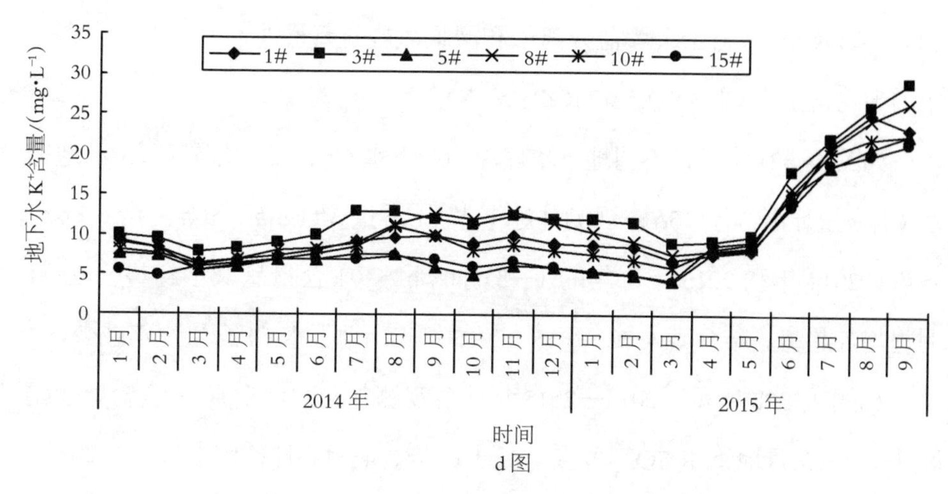

图 4-31　浅层地下水调控下阳离子动态变化

增加趋势，主要是龟裂碱土灌溉淋洗盐分，Na^+进入地下水，使地下水 Na^+含量增加。结合表 4-2，2013—2015 年年间地下水 Na^+含量逐年减少，这是因为龟裂碱土土壤盐分离子在逐年减少。

如图 4-31b 所示，2014—2015 年，1#、5# 和 15# 地下水 Mg^{2+}含量月间相差不大，1—3 月地下水 Mg^{2+}含量呈减少趋势，2014 年 4—11 月 Mg^{2+}含量总体上呈增加趋势，2015 年 4—9 月 Mg^{2+}含量总体上呈减少趋势。结合表 4-2，2013—2015 年年间地下水 Mg^{2+}含量逐年减少。

如图 4-31c 所示，观测井地下水 Ca^{2+}含量 3# > 8# > 1# > 10# > 5# > 15#。2014 年和 2015 年每年的 1—3 月地下水 Ca^{2+}含量呈减小趋势，4—11 月呈增加趋势。结合表 4-2，2013—2015 年年间地下水 Ca^{2+}含量逐年减少。

如图 4-31d 所示，2015 年 6—9 月各观测井地下水 K^+含量显著增加，主要是龟裂碱土施用钾肥，土壤 K^+含量显著增加，在灌溉下土壤 K^+进入地下水。结合表 4-2，2013—2015 年年间地下水 K^+含量逐年增加。

如图 4-32a、图 4-32b、图 4-32c 和图 4-32d 可知，地下水中阴离子 Cl^-、SO_4^{2-}、CO_3^{2-}和 HCO_3^-的含量也随灌溉制度而变化，Cl^-的含量最高，年平均为 1.05 g/L；CO_3^{2-}的含量最低，年平均为 0.018 g/L。部分 Cl^-、SO_4^{2-}、

CO_3^{2-}和 HCO_3^-来自于土壤盐分离子和灌溉水盐分离子进入地下水。阴离子年内平均含量为 $Cl^- > SO_4^{2-} > HCO_3^- > CO_3^{2-}$。

如图 4-32a 所示，不同地下水埋深的地下水 Cl^-含量相差显著，3# 地下水 Cl^-含量显著高于 15#，观测井地下水 Cl^-含量 3# > 8# > 10# > 1# > 5# > 15#。 2014 年和 2015 年每年的 1—3 月地下水 Cl^-含量呈减小趋势，4—11 月呈增加趋势。结合表 4-2，2013—2015 年年间地下水 Cl^-含量逐年减少。

如图 4-32b 所示，2014—2015 年，各观测井月间地下水 SO_4^{2-}含量变化较大，1—3 月地下水 SO_4^{2-}含量呈减少趋势，4—11 月总体上呈增加趋势。

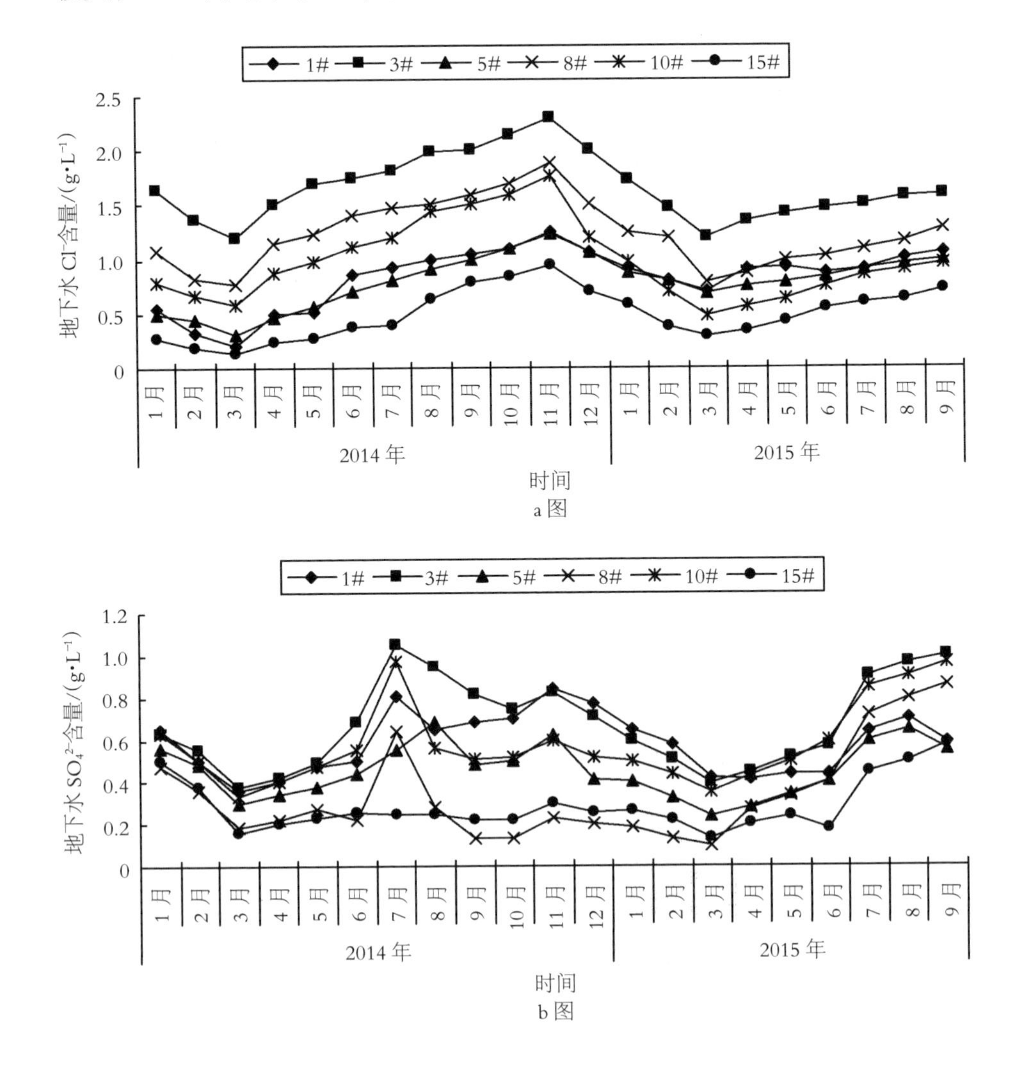

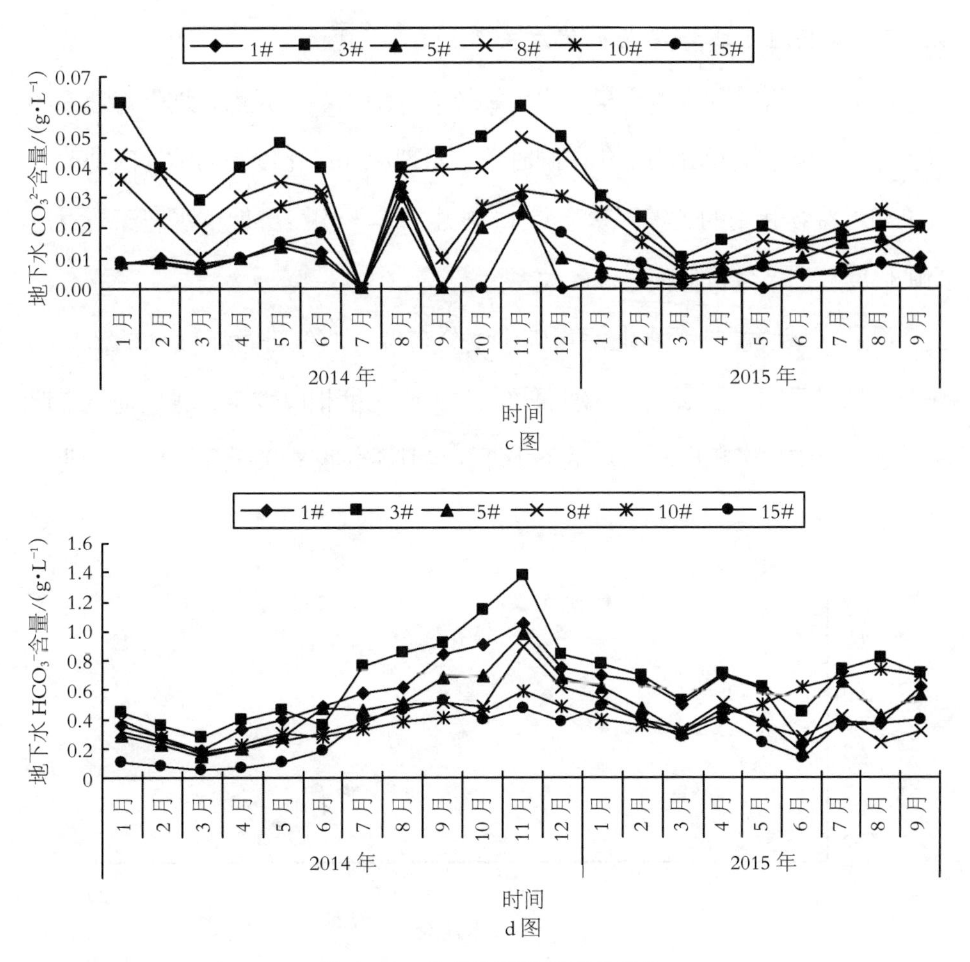

c 图

d 图

图 4-32　浅层地下水阴离子变化

结合表 4-2，2013—2015 年年间地下水 SO_4^{2-}含量逐年增加，说明 SO_4^{2-}在土壤中迁移速度较慢。

如图 4-34c 所示，2014 年各观测井地下水 CO_3^{2-}含量月间变化较大，2015 年变化较平稳。结合表 4-2，2013—2015 年年间地下水 CO_3^{2-}含量逐年减少。

如图 4-34d 所示，2014 年 4—11 月各观测井地下水 HCO_3^-含量逐月增加，2015 年 4—9 月各观测井地下水 HCO_3^-含量月间变化不一致，可能是与土壤中 HCO_3^-含量有关。结合表 4-2，2013—2015 年年间地下水 HCO_3^-含量逐年减少。

4.3.12 浅层地下水埋深与矿化度关系

由于宁夏银北西大滩干旱、少雨和风大，地表蒸发强烈，地下水埋深和水质必然影响土壤盐分的变化，同时地下水埋深和矿化度是防控盐碱地改良效果和可持续利用的关键因素。将 15 眼井的年平均浅层地下水埋深与对应的矿化度数据来分析他们之间的关系。

通过区域浅层地下水埋深与矿化度分布拟合曲线进行定性分析，见图 4–33。结果表明，浅层地下水埋深较大时，矿化度相应较小；浅层地下水埋深较小时，矿化度相应较大。地下水埋深与其矿化度相关关系不明显，他们之间定量性不确定。

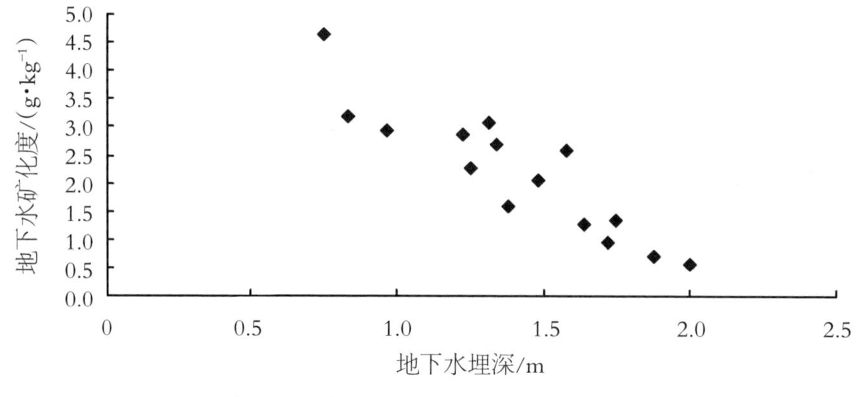

图 4–33 浅层地下水埋深与矿化度的关系

4.3.13 土壤盐分与地下水矿化度变化分析

在地下水埋深基本不变的情况下，对研究区 2015 年 4—9 月土壤全盐和地下水矿化度进行相关性分析，见表 4–3 和图 4–34。由于地下水埋深浅，

表 4–3 土层 0~20 cm 土壤全盐与地下水矿化度相关性分析

方差来源	自由度	平方和	均方	*F* 值	*F* 的显著性
分析	1	15.22	16.64	17.10	0.004 522
残差	8	8.61	1.16		
总计	9	23.83			

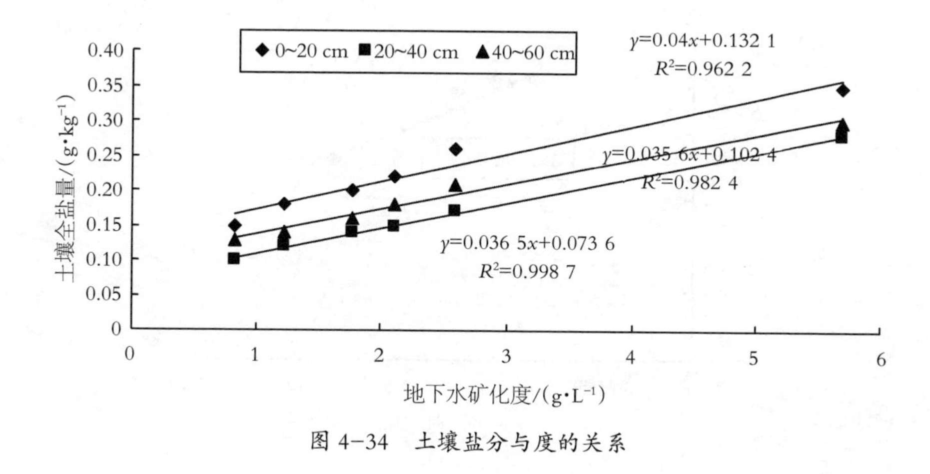

图 4-34　土壤盐分与度的关系

靠近地下水的土壤盐分基本处于动态平衡状态，土层 0~20 cm、20~40 cm 和 40~60 cm 土壤全盐与地下水矿化度呈明显的线性正相关；地下水矿化度越高，补给土壤的盐分越多，土壤盐碱化程度越重。

4.3.14　不同地下水埋深与土壤盐分的关系

如图 4-35a 至图 4-35e 所示，土层 0~20 cm、20~40 cm、40~60 cm、60~80 cm 和 80~100 cm 土壤全盐跟地下水埋深成明显的指数关系。土壤盐分累积跟地下水埋深密切相关，土壤每层的全盐随着地下水埋深的变深而减小，地下水埋深为 1.5 m、2.0 m 和 2.5 m 对应的土壤全盐较小，且之间全盐变化无显著差异。因此，确定龟裂碱土地下水埋深临界深度，在土壤洗盐、灌溉和作物关键生育期将地下水埋深调控到临界深度以下，对于防控龟裂碱土的改良效果和可持续利用至关重要。

4.3.15　调控地下水埋深对油葵生长与产量影响分析

上述大量研究表明，龟裂碱土盐分累积跟地下水埋深和矿化度密切相关，地下水埋深浅，蒸发下土壤盐分向表层聚集，土壤发生盐碱化和土壤次生盐碱化。因此，在作物生长发育期间，将地下水埋深调控在合理的范围内，减少作物根区盐分聚积，提高作物产量。

试验区地势低洼，龟裂碱土开发利用进行洗盐，使地下水埋深变浅，靠

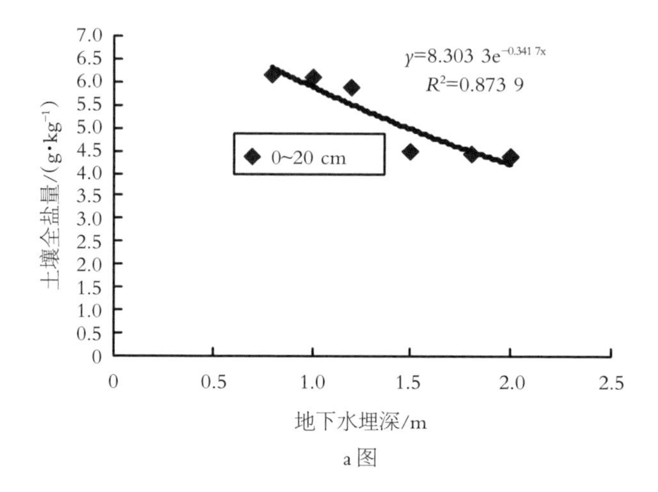
y=8.303 3e$^{-0.341\,7x}$
R^2=0.873 9
0~20 cm
土壤全盐量/(g·kg^{-1})
地下水埋深/m
7.0
6.5
6.0
5.5
5.0
4.5
4.0
3.5
3.0
2.5
2.0
1.5
1.0
0.5
0
0
0.5
1.0
1.5
2.0
2.5

a 图

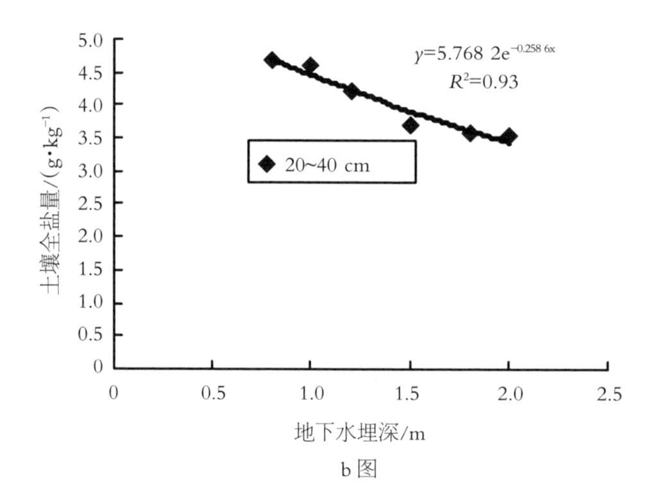
y=5.768 2e$^{-0.258\,6x}$
R^2=0.93
20~40 cm
土壤全盐量/(g·kg^{-1})
地下水埋深/m
5.0
4.5
4.0
3.5
3.0
2.5
2.0
1.5
1.0
0.5
0
0
0.5
1.0
1.5
2.0
2.5

b 图

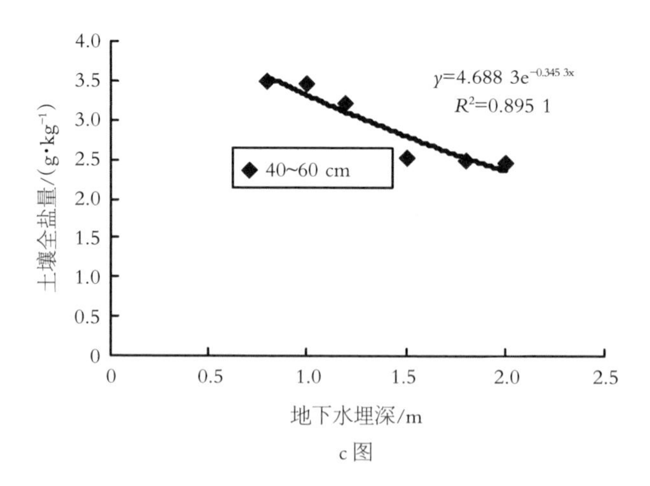
y=4.688 3e$^{-0.345\,3x}$
R^2=0.895 1
40~60 cm
土壤全盐量/(g·kg^{-1})
地下水埋深/m
4.0
3.5
3.0
2.5
2.0
1.5
1.0
0.5
0
0
0.5
1.0
1.5
2.0
2.5

c 图

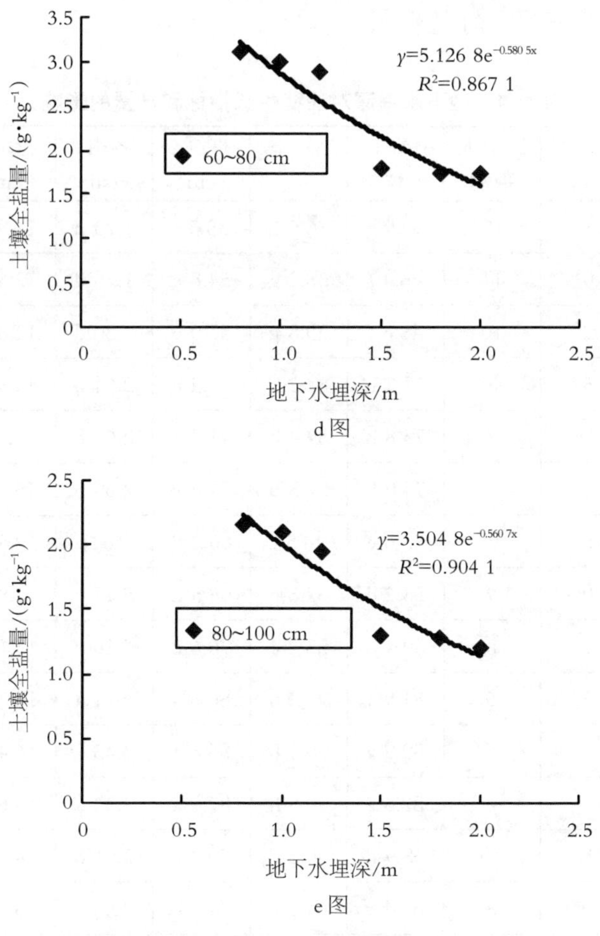

d 图

e 图

图 4-35　土壤盐分与地下水埋深的关系

人工暗管排水降低地下水埋深。由表 4-4 可知，在统一田间管理下，地下水埋深越浅，油葵产量越低，地下水埋深 0.8 m、1.0 m 和 1.2 m 的田块油葵出苗率、成活率、株高、茎粗、盘径和产量明显低于地下水埋深 1.5 m、1.8 m 和 2.0 m 的田块油葵，而地下水埋深 1.5 m、1.8 m 和 2.0 m 的田块油葵出苗率、成活率、株高、茎粗、盘径和产量变化不显著。主要是地下水埋深浅，在强烈的蒸发下地下水中的盐分和土层深处的盐分聚积土壤表层，油葵在关键生育期受到盐分的毒害，生长发育受到抑制，产量大幅度减少。因此，将地下水埋深控制在临界深度以下，确保作物在关键生育期正常生长，是改良龟裂碱土可持续发展的前提条件。

表 4-4　地下水埋深对油葵生长指标和产量的影响

年份	地下水埋深/m	出苗天数/d	出苗率/%	存活率/%	株高/cm	茎粗/cm	盘径/cm	籽粒产量/(kg·hm^{-2})
2013 年	0.8	12	40.5 g	36.6 h	53.5 f	1.73 d	11.9 d	757.5 F
	1.0	11	46.4 f	38.2 g	54.8 e	1.78 d	12.6 d	906.0 E
	1.2	10	48.6 f	39.8 g	56.0 e	1.80 d	12.8 d	918.0 E
	1.5	8	73.5 b	87.2 b	71.2 c	2.64 b	14.9 c	1527.5 D
	1.8	7	73.8 b	87.4 b	71.4 c	2.66 b	15.0 c	1539.0 D
	2.0	7	74.0 b	87.5 b	71.6 c	2.68 b	15.4 c	1543.8 D
2014 年	0.8	11	53.6 e	48.5 f	66.2 d	2.11c	12.5 d	1537.2 D
	1.0	9	58.2 d	52.8 e	68.5 d	2.17 c	12.8 d	1692.6 D
	1.2	8	59.4 d	53.2 e	70.6 c	2.16 c	13.1 d	1710.6 D
	1.5	6	81.9 a	90.2 b	86.6 a	3.31 a	16.3 b	2799.7 B
	1.8	6	82.2 a	90.4 b	86.8 a	3.33 a	16.4 b	2802.3 B
	2.0	6	82.3 a	90.5 b	87.0 a	3.34 a	16.6 b	2816.6 B
2015 年	0.8	10	58.9 d	60.2 d	70.2 c	2.61 b	14.8 c	1637.5 D
	1.0	8	66.4 c	64.1 c	74.8 b	2.85 b	15.0 c	1832.5 C
	1.2	8	64.2 c	66.5 c	76.4 b	2.87 b	15.2 c	1900.2 C
	1.5	6	85.6 a	99.2 a	88.5 a	3.65 a	17.2 a	3184.6 A
	1.8	6	85.7 a	99.4 a	88.8 a	3.66 a	17.4 a	3196.5A
	2.0	6	85.9 a	99.4 a	89.0 a	3.66 a	17.8 a	3206.4 A

注:小写字母代表是在 0.05 水平下比较,差异显著;大写字母代表在 0.01 水平下比较,差异极显著。

4.4　本章小结

(1) 试验区浅层地下水埋深北高南低，东高西低，东北最高，中间最低，龟裂碱土开垦利用前地下水平均埋深为 1.42 m，每眼观测井的地下水埋深变异系数为 22.2%，研究区地下水埋深横向变化较大。

（2）试验区浅层地下水矿化度北低南高，东低西高，东北最低，中间最高，龟裂碱土开垦利用前地下水平均矿化度为 2.27 g/L，地下水矿化度变异系数为 38.9%，试验区地下水矿化度横向变化较大。地下水埋深较浅，相应的矿化度较高；地下水埋深较深，相应的矿化度较小。2013—2015 年地下水矿化度逐年变小。

（3）地下水盐分离子以 Na^+、Cl^-、SO_4^{2-}和 HCO_3^-为主。试验区横向范围地下水盐分离子 Na^+、Cl^-和 HCO_3^-变异较大，Ca^{2+}和 K^+变异较小。

（4）不同地下水埋深条件下土壤含水率的变化 0.8 m >1.0 m>1.2 m>1.5 m>1.8 m>2.0 m；土层 0~100 cm 土壤平均全盐和碱化度表现为地下水埋深 0.8 m>1.0 m>1.5 m>1.8 m >2.0 m；地下水埋深 0.8 m、1.0 m 和 1.2 m 的田块油葵出苗率、成活率、株高、茎粗、盘径和产量显著低于地下水埋深 1.5 m、1.8 m 和 2.0 m 的田块油葵。

第5章　淋洗改良龟裂碱土效果研究

5.1　引言

盐碱地盐分离子过高会造成作物盐害或碱害，Na^+、Cl^-、SO_4^{2-}、CO_3^{2-}、HCO_3^-等离子浓度过高会毒害作物，作物生长发育受到抑制，产量下降，甚至颗粒无收[206]。Na^+影响作物对Ca^{2+}、K^+等营养物质吸收，破坏作物营养平衡和阳离子平衡。作物从土壤中吸收大量Ca^{2+}，能稳定细胞膜、细胞壁，调节渗透作用等。Mg^{2+}的毒害会造成作物组织Ca^{2+}供应不足，土壤中Ca^{2+}和Mg^{2+}的比例会影响作物生长，一般认为，土壤中Ca^{2+}和Mg^{2+}比例为2∶1或1∶1对作物生长有益。Cl^-过量则抑制作物对HPO_4^{2-}的吸收，氯化物对作物毒害使叶片发黄，叶尖干燥变褐，甚至导致叶、茎及枝枯萎、死亡。高浓度SO_4^{2-}具有明显的毒性，阻碍作物吸收Ca^{2+}，破坏作物体内阳离子的平衡，使作物下部叶片发红或从叶柄处脱落。CO_3^{2-}和HCO_3^-碱性盐对作物幼芽、根和纤维组织产生直接危害，导致作物养分紊乱，HCO_3^-对作物毒害大，浓度过高显著抑制作物对Ca^{2+}的吸收，造成作物发黄或死亡。由于龟裂碱土Na^+、Cl^-、SO_4^{2-}和HCO_3^-含量较高，尤其高浓度的Na^+促使土粒高度分散，破坏土壤结构，当灌溉和下雨时土壤泥泞，灌溉和下雨后土壤表层板结坚硬，通气透水性差，不利于土壤洗盐时盐分排出土体和微生物活动，影响洗盐效果和土壤有机质的分解。因此，龟裂碱土淋洗改良前将土壤深松，提高土壤透水性，在作物种植前将盐分离子降到满足作物生长要求以下。

与盐土改良相比，改良碱土更为困难，是一个长期、复杂的系统工程。虽然前人应用脱硫石膏、糠醛渣、淋洗等单一措施改良碱化土壤取得了一些成果，但是有关盐碱胁迫对作物幼苗生长和产量的影响以及与土壤结构、水、盐和碱关系的研究内容依然有待充实。宁夏龟裂碱土质地黏重，土壤湿时泥泞、不易透水，干时坚硬、透水性差，土壤肥力低。将已有的单一技术脱硫石膏、糠醛渣、淋洗和土壤深松进行集成，改良龟裂碱土可能会进一步改善单一技术的改良效果。为此，本研究选择具有典型代表性的宁夏西大滩前进农场新垦龟裂碱土，研究脱硫石膏和糠醛渣以及淋洗三者集成技术改良龟裂碱土的效果，探明淋洗土壤水盐运移过程，确定最佳的脱硫石膏和糠醛渣施用量和淋洗定额，旨在为因地制宜地开发出适合当地龟裂碱土特征的改良技术提供参考。

5.2　材料与方法

5.2.1　试验材料

试验地点选在宁夏银北西大滩前进农场，土壤化学性质测试结果见表 5−1，土层 0~100 cm 土壤碱化度>25%，pH>9，全盐 1.74~5.38 g/kg，呈现“表聚”

表 5−1　供试土壤化学性状

土层深度/cm	离子成分含量/(g·kg⁻¹)								pH	全盐/(g·kg⁻¹)	碱化度/%
	Na^+	Ca^{2+}	K^+	Mg^{2+}	CO_3^{2-}	HCO_3^-	Cl^-	SO_4^{2-}			
0~20	0.86	0.09	0.06	0.05	0.53	0.48	2.22	1.51	9.72	5.80	39.6
20~40	0.54	0.05	0.04	0.03	0.22	0.34	1.55	0.57	9.51	3.34	32.1
40~60	0.39	0.04	0.04	0.03	0.13	0.31	0.93	0.41	9.66	2.28	28.9
60~80	0.26	0.04	0.03	0.02	0.10	0.28	0.85	0.23	9.63	1.81	26.3
80~100	0.19	0.03	0.03	0.02	0.10	0.22	0.59	0.12	9.56	1.30	25.6

现象，全盐和碱化度随土层深度增加逐层降低。土层 0~100 cm 土壤阳离子 Na^+含量最高（0.16~0.82 g/kg），阴离子 Cl^-含量最高（0.49~2.41 g/kg），阴阳离子含量逐层降低。

脱硫石膏来自宁夏马莲台电厂，糠醛渣来自宁夏共享化工有限公司平罗糠醛厂，理化性质见表 5-2 和表 5-3。脱硫石膏的 pH 为 5.6，密度为 1.06 g/cm^3，自由水分、$CaSO_4·2H_2O$、Ca_2CO_3 和 MgO 含量分别为 11.2%、88.6%、5.61%和 1.68%；糠醛渣的 pH 为 1.95，可溶性 SO_4^{2-}含量最多，含水率为 64.8%，主要养分 TN、TP（P_2O_5）和有机质含量分别占 0.28%、0.047%和 87.03%。

表 5-2　脱硫石膏组成和性状

pH	密度/(g·cm^{-3})	自由水分质量分数/%	$CaSO_4·2H_2O$质量分数/%	Ca_2CO_3 质量分数/%	MgO 质量分数/%
5.6	1.06	11.2	88.6	5.61	1.68

表 5-3　糠醛渣主要理化成分

物理性质		化学性质										
含水率/%	pH	可溶性盐质量分数/%								主要养分质量分数/%		
		Ca^{2+}	Mg^{2+}	Na^+	K^+	CO_3^{2-}	HCO_3^-	SO_4^{2-}	Cl^-	TN	TP (P_2O_5)	有机质
64.8	1.95	0.154	0.103	0.01	0.743	0	0	1.874	0.02	0.28	0.047	87.03

5.2.2　试验设计

（1）脱硫石膏用量确定，脱硫石膏本身含有盐分，施入土壤会增加土壤的盐分，许清涛等 [58] 通过盆栽试验得出脱硫石膏改良重度碱化土壤施用量为 33.75 t/hm^2，最有利于向日葵的出苗和生长发育。肖国举等 [54] 通过大田试验用脱硫石膏改良碱化土壤，发现脱硫石膏超过一定量不但起不到增产作用，而且增加土壤盐分含量，得出脱硫石膏用量与产量呈指数关系。常用计算脱硫石膏用量公式如下：

$$W_G=15\times[5.738\times CEC\times(ESP-5\%)+5.736\times EZP-1.881]\times H\times D/R\times\eta\times1\ 000 \quad 5.1$$

$$W_{DG}=1.11\ W_G \quad 5.2$$

式中，*WG* 为脱硫石膏需求量，t/hm²； *WDG* 为脱硫石膏用量，t/hm²；*CEC* 为阳离子交换量，cmol/kg；*ESP* 为碱化度，%； *EZP* 为总碱度，cmol/kg；*H* 为土壤碱化层深度，cm； *D* 为土壤容重，g/cm³；*R* 为脱硫石膏的有效利用效率，%；η 为脱硫石膏的含量，%。

计算过程中阳离子交换量 7.28 cmol/kg、土层 0~20 cm 碱化度 39.6%、总碱度 0.51 cmol/kg，土壤碱化层深度 50.0 cm，土层 0~40 cm 容重 1.53 g/cm³，脱硫石膏的有效利用效率 77.13%，脱硫石膏质量分数 80.5%，求得脱硫石膏用量约为 28 t/hm²。

（2）冲洗定额的确定，根据冲洗定额最常用的公式，计算试验设计冲洗水量：

$$Q=W_1+W_2+n_1+n_2-O \quad 5.3$$

$$W_1=10Hr\ (B_1-B_2) \quad 5.4$$

$$W_2=10Hr\ (S_1-S_2)\ /K \quad 5.5$$

式中，*Q* 为冲洗定额，m³/hm²；W_1 为冲洗前灌至田间最大持水量所需的水量，m³/hm²；W_2 为冲洗盐分需要的水量，m³/hm²；n_1 为冲洗时蒸发损失的水量，m³/hm²；n_2 为冲洗时无益下渗水量，m³/hm²；*O*为冲洗时降水量，m³/hm²；*H* 为计划冲洗层深度，m；*r*为计划冲洗层土壤容重，g/cm³；B_1 为计划冲洗层最大持水量，g/kg；B_2 为计划冲洗层冲洗前土壤自然含水量，g/kg；S_1 为计划冲洗层冲洗前土壤含盐量，g/kg；S_2 为计划冲洗层冲洗后土壤含盐量，g/kg；*K* 为排盐系数，g/cm³。

据经验数据和试验区气象、土壤情况，计划冲洗层深度 *H*=50 cm，计划冲洗层土壤容重 *r*=1.53 g/cm³，计划冲洗层最大持水率 B_1=1200.0 g/kg，计划冲洗层冲洗前土壤自然含水率 B_2=206.3 g/kg，计划冲洗层冲洗前土壤含盐量

S_1=5.38 g/kg，计划冲洗层冲洗后土壤含盐量 S_2=2.0 g/kg，排盐系数 K=0.016 g/cm^3，冲洗时蒸发损失的水量 n_1=600.0 m^3/hm^2，冲洗时无益下渗水量 O=0，冲洗时降水量 0。根据以上参数值，计算出冲洗定额为 Q=4.52×10^3 m^3/hm^2。

由于土壤黏重，渗透性差，采用明排排水和渗洗相结合的方法，盐溶充分再排水，拉光撤净换新水。王金满 [57] 通过盆栽试验脱硫石膏改良碱化土壤淋洗水量 3 600 m^3/hm^2 的处理效果最佳，pH、全盐和碱化度分别由初始的 9.15、0.65%和 63.5%降到了 7.7、0.15%和 15%，向日葵出苗率 92.5%。结合张蕾娜等 [23] 冲洗盐分的方法，用尽可能少量的水，洗掉更多的盐，即小水溶盐、大水洗盐，先大后小的冲洗原则，3 次分配水量的比例为冲洗定额的 1/2、1/3 和 1/6。因此，本试验设置冲洗盐分 3 次，第 1 次冲洗水量为冲洗定额的 1/2；第 2 次冲洗在第 1 次冲洗 48 h 后，冲洗水量为冲洗定额的 1/3；第 3 次冲洗在第 2 次冲洗 48 h 后，冲洗水量为冲洗定额的 1/6。故设 3 个淋洗水平为 3 600 m^3/hm^2、4 500 m^3/hm^2 和 4 800 m^3/hm^2。

参考秦嘉海 [67] 糠醛渣的施用量不超过 22.50 t/hm^2，综合考虑本试验设计糠醛渣的施用量为 0 t/hm^2、15 t/hm^2、22.5 t/hm^2 和 30 t/hm^2 4 个水平。

综合考虑，试验设计为 3 个淋洗水平（3 600 m^3/hm^2、4 500 m^3/hm^2 和 4 800 m^3/hm^2）和 4 个改良剂水平（脱硫石膏 28 t/hm^2 和糠醛渣 0 t/hm^2、脱硫石膏 28 t/hm^2 和糠醛渣 15 t/hm^2、脱硫石膏 28 t/hm^2 和糠醛渣 22.5 t/hm^2 以及脱硫石膏 28 t/hm^2 和糠醛渣 30 t/hm^2）。

根据试验区土壤特征、灌排措施和气候特征，在统一施用脱硫石膏 28 t/hm^2 的基础上，设置淋洗定额 3 个水平，脱硫石膏和糠醛渣施用量 4 个水平，共 12 个处理，见表 5-4。CK 为对照，不淋洗和不添加脱硫石膏，每个处理设 3 次重复，每个小区面积 48 m^2（8 m×6 m），埂高 0.5 m，小区与小区隔层用聚氯乙烯板，埋深 0.6 m。淋洗用泵抽水管灌，水表计量水量，排水沟排水，见图5-1。

表 5-4　试验设计

处理号	淋洗水量/($m^3 \cdot hm^{-2}$)	脱硫石膏+糠醛渣用量/($t \cdot hm^{-2}$)
CK	0	0
T1	3 600	0
T2	4 500	0
T3	4 800	0
T4	3 600	15
T5	4 500	15
T6	4 800	15
T7	3 600	22.5
T8	4 500	22.5
T9	4 800	22.5
T10	3 600	30
T11	4 500	30
T12	4 800	30

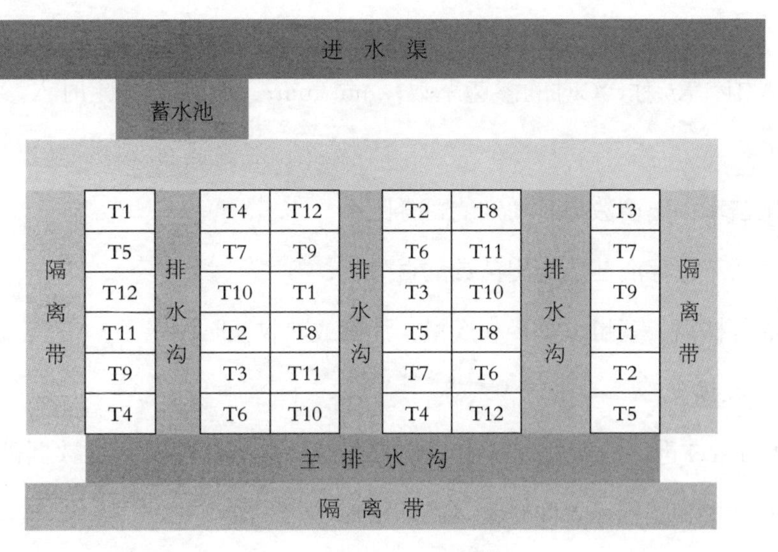

图 5-1　田间布置示意图

5.2.3 研究方法

试验前土壤进行深翻、激光平地、深松（深度 0.6 m）、施用农家肥（羊粪 60 m^3/hm^2）和磷酸二铵（225 kg/hm^2），再将各处理的脱硫石膏和糠醛渣分别均匀施于土壤地表，再旋耕深度 0.2 m 使其与七壤充分混均。洗盐后播种油葵，采用双粒点播，膜孔铺沙，油葵株距 0.2 m、行距 0.3 m，油葵品种为 S667。为了分析各处理洗盐改良土壤效果，分别在施改良剂前 1 天、洗盐后 3 天、种植前 1 天取土样一次，采用“S”形布点法对每个小区采样 3 个，采样土层深度为 0~20 cm、20~40 cm、40~60 cm、60~80 cm 和 80~100 cm。土壤样品经自然风干，粉碎，过 1 mm 筛后，进行实验室化验分析。测试项目：pH、电导率、田间持水率、渗透性、土壤团聚体组成、颗粒组成、全盐、碱化度、K^+、Na^+、交换性钠、Ca^{2+}、Mg^{2+}、Cl^-、SO_4^{2-}、CO_3^{2-}、HCO_3^-，油葵出苗率、存活率、产量。具体方法见第三章。

田间持水量：田间灌水 48 h 后，采样烘干测重法；

土壤渗透性：采用渗透筒法，所测数值为温度 10 ℃时的透水率，用 K_{10}（mm/min）表示：

$$K_{10}=Kt/(0.7+0.03t) \quad 5.6$$

式中，Kt 为 t ℃时的渗透系数，mm/min；t 为渗透测定时入渗水的温度，℃；

出苗率：出苗数与种植穴的百分比；

存活率：存活苗数与出苗数的百分比；

油葵株高、茎粗、盘径和产量：油葵成熟收获时测量。

5.2.4 数据处理

用 Excel 进行数据处理；用 SPSS11.5 统计分析软件对观测数据进行双因素方差分析和差异显著性检验（LSD 法）。

5.3　结果与分析

5.3.1　不同处理对土壤渗透性的影响

土壤渗透性是龟裂碱土改良的重要指标。图 5-2 表明，透水率随糠醛渣掺入量的增加而增大。处理 T1~T3 的透水率平均为 0.193 mm/min，处理T4~T6 的透水率平均为 0.34 mm/min，处理 T7~T9 的透水率平均为 0.61 mm/min， 处理 T10~T12 的透水率平均为 0.90 mm/min，而且差异达到显著，说明糠醛渣改善土壤渗透性显著，随糠醛渣施用量的增加土壤渗透率增大。

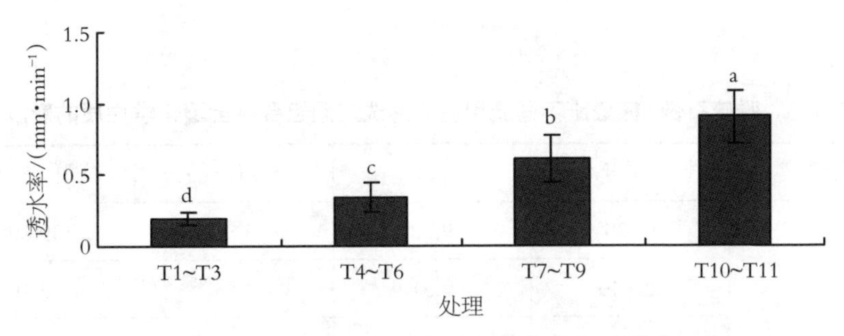

图 5-2　不同处理对表层土壤渗透性的影响

5.3.2　不同处理对土壤田间持水量的影响

土壤田间持水量反映土壤物理性能和土壤改良效果的主要指标 [105]。土壤淋洗量为 4 800 m^3/hm^2，淋洗完排水 48 h 后，取土测处理 T1~T12 的土壤持水量，见图 5-3。随着糠醛渣的增加，各处理持水量不断增大，其中处理

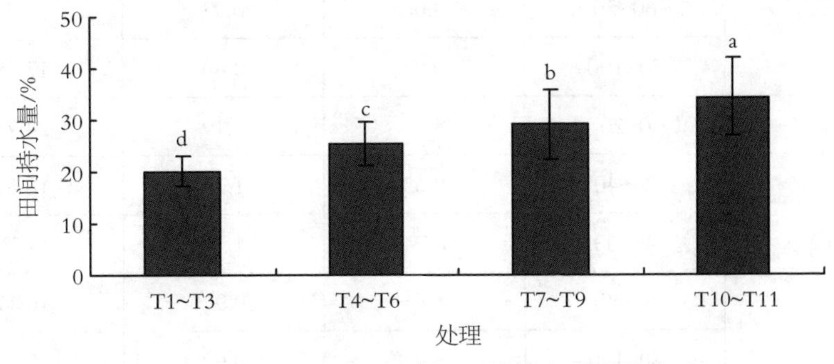

图 5-3　不同处理对表层土壤持水量的影响

T1~T3、T4~T6、T7~T9 和 T10~T12 的持水量分别为 20.1%、25.3%、29.1% 和 34.4%，表明糠醛渣能改善土壤结构，增加土壤持水量。

5.3.3 不同处理对土壤 pH、全盐和碱化度的影响

土壤 pH 是反映土壤酸碱程度的重要指标。CK 的 pH 在土层 0~20 cm、20~40 cm、40~60 cm、60~80 cm 和 80~100 cm 处分别为 9.72、9.51、9.66、9.63 和 9.56。表 5-5 所示，随着糠醛渣施用量的增加，各处理土层 0~100 cm 土壤 pH 比 CK 显著降低，处理 T8~T12 的 pH 为中性，主要原因是糠醛渣的 pH 为 2 左右，酸性很强，与土壤中的碱中和，使土壤 pH 降低。

表 5-5 脱硫石膏+糠醛渣不同施用量和淋洗定额组合对土壤化学性质的影响

处理	土层深度/cm	pH	全盐/($g \cdot kg^{-1}$)	碱化度/%
CK	0~20	9.72	5.80	39.60
	20~40	9.51	3.34	32.10
	40~60	9.66	2.28	28.90
	60~80	9.63	1.81	26.30
	80~100	9.56	1.30	25.60
T1	0~20	8.62	2.26	26.10
	20~40	8.77	1.85	20.93
	40~60	8.84	1.53	19.72
	60~80	9.06	0.97	18.32
	80~100	9.07	0.80	17.78
T2	0~20	8.53	2.19	24.73
	20~40	8.63	1.73	18.82
	40~60	8.74	1.41	17.70
	60~80	8.87	0.92	16.17
	80~100	8.94	0.69	15.16

续表

处理	土层深度/cm	pH	全盐/(g·kg^{-1})	碱化度/%
T3	0~20	8.46	2.13	24.70
	20~40	8.57	1.68	18.83
	40~60	8.63	1.32	16.65
	60~80	8.71	0.93	16.12
	80~100	8.82	0.65	14.92
T4	0~20	8.42	2.17	22.93
	20~40	8.51	1.82	20.09
	40~60	8.73	1.64	19.97
	60~80	8.94	1.00	18.25
	80~100	8.85	0.73	16.07
T5	0~20	8.36	2.00	18.30
	20~40	8.37	1.60	16.96
	40~60	8.47	1.58	15.87
	60~80	8.51	0.87	14.94
	80~100	8.43	0.66	12.17
T6	0~20	8.31	1.90	18.25
	20~40	8.28	1.53	15.94
	40~60	8.33	1.47	14.72
	60~80	8.43	0.84	12.82
	80~100	8.22	0.73	11.86
T7	0~20	8.12	1.85	14.39
	20~40	8.07	1.70	14.13
	40~60	8.11	1.46	13.24
	60~80	8.25	1.01	11.36
	80~100	7.97	0.77	10.72

续表

处理	土层深度/cm	pH	全盐/(g·kg⁻¹)	碱化度/%
T8	0~20	7.75	1.38	9.90
	20~40	7.63	1.30	9.68
	40~60	7.78	1.11	9.62
	60~80	7.83	0.63	8.37
	80~100	7.64	0.47	7.94
T9	0~20	7.77	1.33	9.86
	20~40	7.59	1.28	9.62
	40~60	7.82	1.06	9.60
	60~80	7.78	0.58	8.38
	80~100	7.68	0.45	8.02
T10	0~20	7.72	2.12	12.90
	20~40	7.61	1.82	13.76
	40~60	7.73	1.72	11.34
	60~80	7.66	1.16	9.72
	80~100	7.73	0.84	9.53
T11	0~20	7.74	2.04	11.70
	20~40	7.57	1.66	12.74
	40~60	7.76	1.63	11.23
	60~80	8.02	1.00	10.53
	80~100	7.69	0.79	8.72
T12	0~20	7.75	2.01	11.63
	20~40	7.44	1.56	13.29
	40~60	7.73	1.58	10.97
	60~80	7.98	0.97	11.91
	80~100	7.72	0.89	9.17

淋洗对龟裂碱土改良起着至关重要的作用，通过淋洗带走土壤中的盐分，从而降低土壤盐分含量。一般情况下，淋洗水量越大，带走的盐分越多，但是，目前水资源紧张，应高效用水，淋洗水量要适量。CK 土层 0~20 cm、20~40 cm、40~60 cm、60~80 cm 和 80~100 cm 土壤的全盐分别为 5.80 g/kg、3.34 g/kg、2.28 g/kg、1.81 g/kg 和 1.30 g/kg。如表 5-4 所示，各处理经过3次淋洗后，土壤全盐比 CK 显著降低，处理 T8 和 T9 的全盐显著低于其他处理，处理 T8 和 T9 土层 0~40 cm 土壤全盐比 CK 分别降低了 70.7%和71.4%，但处理 T8 和 T9 全盐变化没有差异。在同一施加改良剂糠醛渣和脱硫石膏用量时，淋洗定额 4 500 m^3/hm^2 和 4 800 m^3/hm^2 降低土壤全盐量较大，但是淋洗定额 4 500 m^3/hm^2 和 4 800 m^3/hm^2 对土壤全盐降低不显著，说明并不是淋洗量越大越好，淋洗量越大携带到土壤中的盐分会越多，浪费水资源越多，导致地下水埋深变浅。在相同淋洗定额下，随着糠醛渣用量的增加，淋洗盐分后土壤全盐含量较小，但糠醛渣用量为 30 t/hm^2 时，淋洗后土壤全盐降低量较小，说明施用糠醛渣要适量，而纯糠醛渣本身全盐含量较高（89.6 g/kg）。

土壤碱化度是反映土壤碱化性质的重要指标。当土壤碱化度大于 15%时，作物的出苗率以及生长发育会造成不同程度的影响。CK 土层 0~20 cm、20~40 cm、40~60 cm、60~80 cm 和 80~100 cm 土壤的碱化度分别为 39.6%、32.1%、28.9%、26.3%和 25.6%。如表 5-4 所示，在改良剂脱硫石膏和糠醛渣以及淋洗的共同作用下，土壤碱化度显著降低，与 CK 相比，处理 T8 和 T9 土层 0~40 cm 土壤碱化度分别降低了 72.7%和 72.8%，各土层碱化度降到10%以下，且处理 T8 和 T9 土壤碱化度显著低于其他处理，但处理 T8 和 T9 碱化度变化没有差异。

综上所述，通过对处理 T1~T12 对土层 0~100 cm 土壤 pH、全盐和碱化度的影响综合对比分析，在高效利用水资源的前提下，选择处理 T8，淋洗定额为 4 500 m³/hm²，施用改良剂脱硫石膏 28 t/hm² 和糠醛渣 22.5 t/hm²。

5.3.4 不同处理对土壤阳离子分布特征的影响

由表 5−6a 可知，龟裂碱土在施用脱硫石膏、糠醛渣及淋洗多重作用下，与 CK 相比，各处理 Na^{+}在 0~20 cm 土层下降幅度最大，减少到 0.34~0.56 g/kg，处理 T8 和 T9 分别降低了 59.3%和 60.5%，降低量最显著，但处理 T8 和 T9 土壤 Na+含量变化无差异。土壤土层 0~20 cm Ca^{2+}含量比 CK 增加，这是由于土壤施加脱硫石膏引起的。

表 5−6a　阳离子在土层 0~100 cm 分布

处理	Na^{+}					Ca^{2+}				
	0~20 cm	20~40 cm	40~60 cm	60~80 cm	80~100 cm	0~20 cm	20~40 cm	40~60 cm	60~80 cm	80~100 cm
T1	0.56	0.51	0.38	0.25	0.19	0.12	0.15	0.10	0.06	0.03
T2	0.52	0.48	0.32	0.20	0.13	0.14	0.15	0.09	0.09	0.05
T3	0.50	0.50	0.31	0.18	0.12	0.14	0.16	0.08	0.08	0.04
T4	0.51	0.48	0.40	0.21	0.17	0.16	0.14	0.08	0.05	0.04
T5	0.48	0.46	0.39	0.17	0.11	0.13	0.12	0.10	0.07	0.04
T6	0.45	0.43	0.37	0.16	0.15	0.10	0.12	0.07	0.05	0.05
T7	0.46	0.42	0.36	0.24	0.18	0.13	0.11	0.09	0.07	0.03
T8	0.35	0.38	0.28	0.12	0.09	0.09	0.05	0.07	0.05	0.04
T9	0.34	0.37	0.27	0.14	0.10	0.08	0.06	0.06	0.04	0.03
T10	0.49	0.50	0.42	0.26	0.14	0.11	0.10	0.07	0.08	0.05
T11	0.46	0.44	0.40	0.20	0.10	0.15	0.08	0.08	0.06	0.03
T12	0.45	0.42	0.38	0.18	0.13	0.16	0.06	0.07	0.05	0.04

由表 5−6b 可知，与 CK 相比，各处理土层 0~20 cm 土壤 Mg^{2+}下降幅度大，减少到 0.011~0.016 g/kg，减少了 68.0%~78.0%，其中处理 T8 和 T9 Mg^{2+}分别下降了 78.0%和 78.0%，下降量最大，但 T8 和 T9 之间变化无差异。

各处理土层 0~20 cm 土壤 K^{+}含量减少量较少，这是因为土壤施用钾肥，土壤 K^{+}含量增加。

表5-6b　阳离子在土层 0~100 cm 分布

处理	Mg^{2+}					K^{+}				
	0~20 cm	20~40 cm	40~60 cm	60~80 cm	80~100 cm	0~20 cm	20~40 cm	40~60 cm	60~80 cm	80~100 cm
T1	0.016	0.014	0.010	0.007	0.002	0.059	0.049	0.033	0.016	0.010
T2	0.015	0.013	0.010	0.007	0.002	0.056	0.046	0.031	0.018	0.008
T3	0.014	0.012	0.009	0.006	0.001	0.043	0.032	0.028	0.016	0.006
T4	0.016	0.014	0.012	0.011	0.004	0.043	0.035	0.027	0.013	0.008
T5	0.014	0.013	0.011	0.008	0.003	0.037	0.033	0.024	0.010	0.006
T6	0.013	0.010	0.010	0.007	0.002	0.034	0.034	0.022	0.009	0.007
T7	0.013	0.013	0.010	0.010	0.004	0.035	0.032	0.027	0.013	0.006
T8	0.011	0.007	0.006	0.005	0.002	0.030	0.023	0.013	0.012	0.005
T9	0.011	0.008	0.005	0.004	0.002	0.030	0.022	0.012	0.010	0.005
T10	0.013	0.012	0.011	0.009	0.004	0.038	0.028	0.016	0.015	0.011
T11	0.012	0.009	0.010	0.007	0.003	0.036	0.026	0.014	0.013	0.009
T12	0.012	0.008	0.009	0.007	0.004	0.035	0.025	0.013	0.012	0.007

5.3.5　不同处理对土壤阴离子分布特征的影响

由表 5-7a 可知，土壤经过 3 次淋洗后，各处理土层 0~20 cm Cl^{-}和 SO_4^{2-}含量比 CK 显著下降， Cl^{-}含量下降到 0.5 g/kg 以下；与 CK 相比，处理 T8 和 T9 的土壤 Cl^{-}含量分别下降了 85.6%和 86.5%，SO_4^{2-}含量分别下降了 63.6%和 64.2%，下降量最大，但 T8 和 T9 土壤 Cl^{-}和 SO_4^{2-}变化无明显差异。Cl^{-}含量下降百分比大于 SO_4^{2-}，说明 Cl^{-}比 SO_4^{2-}易被水淋洗掉。

由表 5-7b 可知，土壤经过 3 次淋洗和土壤离子交换反应后，各处理土层 0~20 cm CO_3^{2-}和 HCO_3^{-}含量比 CK 显著下降，土壤的 CO_3^{2-}和 HCO_3^{-}含

表 5-7a　阴离子在土层 0~100 cm 分布

处理	Cl^-					SO_4^{2-}				
	0~20 cm	20~40 cm	40~60 cm	60~80 cm	80~100 cm	0~20 cm	20~40 cm	40~60 cm	60~80 cm	80~100 cm
T1	0.48	0.54	0.49	0.36	0.34	0.95	0.52	0.46	0.24	0.21
T2	0.46	0.51	0.47	0.35	0.31	0.93	0.47	0.44	0.22	0.18
T3	0.45	0.47	0.46	0.37	0.31	0.92	0.45	0.39	0.25	0.16
T4	0.46	0.55	0.54	0.38	0.37	0.91	0.55	0.52	0.29	0.11
T5	0.45	0.50	0.52	0.36	0.38	0.83	0.43	0.49	0.22	0.11
T6	0.43	0.48	0.50	0.33	0.38	0.82	0.41	0.46	0.25	0.13
T7	0.46	0.56	0.46	0.40	0.36	0.71	0.52	0.46	0.24	0.17
T8	0.32	0.45	0.40	0.27	0.19	0.55	0.36	0.31	0.15	0.13
T9	0.30	0.44	0.39	0.24	0.18	0.54	0.35	0.30	0.13	0.12
T10	0.50	0.57	0.59	0.43	0.38	0.92	0.56	0.56	0.32	0.23
T11	0.47	0.53	0.54	0.40	0.40	0.87	0.53	0.54	0.29	0.23
T12	0.46	0.50	0.53	0.42	0.45	0.85	0.50	0.53	0.27	0.24

量微量；与 CK 相比，处理 T8 和 T9 的土壤 CO_3^{2-}含量分别下降了 97.0%和 97.2%，HCO_3^-含量分别下降了 96.3%和 96.5%，下降量最大，但 T8 和 T9 土壤 CO_3^{2-}和 HCO_3^-变化无明显差异。

表 5-7b　阴离子在土层 0~100 cm 分布

处理	CO_3^{2-}					HCO_3^-				
	0~20 cm	20~40 cm	40~60 cm	60~80 cm	80~100 cm	0~20 cm	20~40 cm	40~60 cm	60~80 cm	80~100 cm
T1	0.046	0.039	0.036	0.024	0.011	0.024	0.023	0.021	0.010	0.002
T2	0.042	0.037	0.028	0.023	0.010	0.022	0.022	0.020	0.010	0.003
T3	0.040	0.036	0.026	0.020	0.010	0.021	0.021	0.020	0.008	0.004
T4	0.044	0.031	0.037	0.034	0.026	0.022	0.020	0.019	0.010	0.006
T5	0.038	0.029	0.028	0.027	0.009	0.020	0.018	0.016	0.008	0.005

续表

处理	CO_3^{2-}					HCO_3^-				
	0~20 cm	20~40 cm	40~60 cm	60~80 cm	80~100 cm	0~20 cm	20~40 cm	40~60 cm	60~80 cm	80~100 cm
T6	0.035	0.027	0.026	0.026	0.008	0.019	0.017	0.015	0.009	0.005
T7	0.022	0.022	0.034	0.025	0.017	0.022	0.022	0.016	0.010	0.007
T8	0.016	0.013	0.013	0.012	0.007	0.018	0.016	0.014	0.006	0.004
T9	0.015	0.013	0.012	0.010	0.006	0.017	0.015	0.013	0.005	0.005
T10	0.024	0.027	0.033	0.031	0.020	0.026	0.024	0.020	0.010	0.008
T11	0.022	0.022	0.028	0.020	0.011	0.024	0.022	0.017	0.008	0.005
T12	0.020	0.020	0.027	0.022	0.013	0.024	0.022	0.016	0.009	0.004

5.3.6　不同处理对油葵生长指标和产量的影响

表 5-8　不同处理油葵的出苗、生长状况及产量

处理	出苗天数/d	出苗率/%	存活率/%	株高/cm	茎粗/cm	盘径/cm	单位面积产量/(kg·hm^{-2})
CK	0	0	0	0	0	0	0
T1	12	72.2 c	75.1 c	70.4 d	2.83 b	13.8 c	2 400.2 c
T2	10	73.6 c	82.6 b	75.3 c	3.03 b	14.3 c	2 563.4 c
T3	10	74.7 c	84.2 b	75.9 c	3.06 b	14.7 c	2 577.5 c
T4	11	78.2 b	81.4 b	77.2 c	3.15 b	15.1 b	2 606.6 b
T5	9	79.8 b	84.9 b	83.9 b	3.26 a	16.0 b	2 745.1 b
T6	9	80.5 b	85.2 b	84.5 b	3.34 a	16.7 b	2 833.7 b
T7	9	82.3 b	85.7 b	87.2 b	3.51 a	17.1 b	2 842.5 b
T8	6	87.7 a	92.5 a	98.7 a	3.86 a	18.9 a	3 199.8 a
T9	6	87.9 a	92.7 a	98.7 a	3.88 a	19.0 a	3 205.0 a
T10	12	69.6 c	70.5 c	63.2d	2.66c	13.4 c	2 400.5 c
T11	11	71.2 c	73.4 c	67.8 d	2.82 b	14.1 c	2 412.9 c
T12	10	74.1 c	74.1 c	66.6 d	2.77 b	13.9 c	2 392.5 c

注：小写字母代表是在 0.05 水平下比较，差异显著。

由表5-8可知，油葵播种后6~12 d出苗，12 d后不再出苗，处理T8和T9油葵的出苗率、株高、茎粗、盘径和产量显著高于CK，处理T8和T9无明显差异，处理T8和T9为油葵的生长发育提供了适宜的土壤结构和盐分，几乎不影响油葵的正常生长发育。龟裂碱土施用糠醛渣能提高油葵的出苗率和产量，但是处理T10~T12糠醛渣施用过量会抑制油葵的出苗和产量的增加，这主要是糠醛渣含盐量高，土壤渗透性差，淋洗盐分离子聚集在土层深处，很难排出土体，高温蒸发易返盐到土壤表层，影响油葵正常发育生长。

通过双因素方差分析表明，淋洗水量与脱硫石膏和糠醛渣用量对油葵出苗和产量的影响都比较显著（见表5-9），二者的交互作用对龟裂碱土效果改良更加显著。

表5-9　油葵出苗率双因素方差分析表

分类	离差平方和 *SA*	自由度 *df*	均方 *S*	*F*	α
淋洗×（脱硫石膏+糠醛渣）	78 942.74	1	78 942.74	8 758	0.000
淋洗	18.03	2	9.01	6.03	0.037
脱硫石膏+糠醛渣	339.55	3	113.18	75.68	0.000

5.4　本章小结

（1）12个处理与CK相比，处理T8和T9改良龟裂碱土效果好，但处理T8和T9改良土壤效果无明显差异，从节水和淋洗盐分效果综合考虑，选择处理T8，即糠醛渣最佳施用量为22.5 t/hm^2，淋洗定额为4 500 m^3/hm^2。

（2）处理T8土层0~40 cm土壤的pH、碱化度、全盐及各盐分离子含量与CK相比显著减少，土壤pH、碱化度和全盐分别降低了20.9%、72.7%和70.7%；土层0~20 cm土壤Na^+、Cl^-和SO_4^{2-}分别下降了59.3%、85.6%和63.6%，改良效果显著。

（3）在相同糠醛渣和脱硫石膏用量下，淋洗定额越大，土壤淋洗后盐分越小，淋洗定额 4 500 m^3/hm^2 和 4 800 m^3/hm^2 降低土壤盐分较大，但淋洗定额 4 500 m^3/hm^2 和 4 800 m^3/hm^2 对土壤盐分降低无明显差异。

（4）在相同淋洗定额下，随着糠醛渣用量的增加，淋洗盐分后土壤盐分较小，但糠醛渣用量为 30 t/hm^2 时，淋洗后土壤盐分降低量较小，说明施用糠醛渣要适量。

第6章 龟裂碱土暗沟排盐效果试验研究

6.1 引言

目前，盐碱地改良方面的各界学者对盐碱土壤的水、肥、盐综合调控开展了大量研究，创造耕作层适宜作物生长的土壤结构、水、肥、盐均衡的土壤环境，促进了作物高产、稳产。但是，在蒸发量大的干旱地区，土壤底层盐分容易返回到土壤表层，影响作物生长和盐碱地改良效果以及可持续利用。因此，田间排水排盐是盐碱地旱田改良解决的关键问题，尤其是土质坚硬的土壤，尽可能多地将土壤盐分排出土体，而不是将土壤表层的盐分压到土层深处。关于脱硫石膏、糠醛渣、淋洗盐分和水盐调控技术在盐碱土改良已取得了一定成果，而改良龟裂碱土水盐调控措施对土壤理化性能及油葵生长发育、产量的影响研究鲜有报道，而砾石暗沟排盐在龟裂碱土改良措施中未应用。由于龟裂碱土透水性差，淋洗盐分离子不能有效地排出土体，土壤深层盐分聚集，蒸发下返盐，严重制约了只用改良剂和淋洗结合开发模式在龟裂碱土上的可持续利用，所以龟裂碱土旱田改良利用的关键是田间排水排盐，需集改、排、防、治为一体的快速高效改良和构建作物根区土壤环境的新技术，将土壤盐分含量降到适合作物生长以下，创造作物生长的良好土壤环境。基于上述问题，提出田间砾石暗沟排水排盐技术解决龟裂碱土排水排盐难的问题，研究其对土壤理化性能的影响，探讨龟裂碱土适宜的田间排水排盐技术，为龟裂碱土开发利用水盐调控提供高效的技术支撑。

本章研究选择在宁夏银北西大滩前进农场，研究龟裂碱土在脱硫石膏、深松、砾石暗沟和淋洗综合措施下对土壤排盐效果及对种植油葵生长、产量的影响，确定适合龟裂碱土田间排水排盐的措施，实现土壤水分和盐分持续向下迁移，耕作层及深层逐年脱盐。

6.2　材料与方法

6.2.1　试验材料

试验地选在宁夏银北西大滩前进农场，试验土层 0~40 cm 容重 1.53 g/cm^3，黏粒（<2 μm）、砂粒（>50 μm）和粉粒（2~50 μm）质量分数分别为 60.4%、14.2%和 25.4%。土层 0~20 cm 有机质、全氮、全磷和全钾分别为 8.55 g/kg、0.51 g/kg、0.85 g/kg 和 14.26 g/kg；碱解氮、速效磷和速效钾分别为 14.56 mg/kg、10.94 mg/kg 和 225.33 mg/kg。试验地土壤理化性质见表 6-1，土层 0~100 cm 土壤碱化度为 22.8%~52.4%，全盐为 1.98~5.46 g/kg，呈现“表聚”现象，随土层深度增加逐渐降低。土层 0~100 cm 土壤中阳离子主要以 Na^+为主，含量为 6.62~35.88 cmol/kg，阴离子 Cl^-含量为 2.89~19.4 cmol/kg，SO_4^{2-}含量为 1.97~12.0 cmol/kg，HCO_3^-含量为 1.32~2.31 cmol/kg，

表 6-1　试验地土壤化学性状

土层深度/cm	离子成分含量/(cmol·kg^{-1})								pH	全盐/(g·kg^{-1})	碱化度/%
	Na^+	Ca^{2+}	K^+	Mg^{2+}	CO_3^{2-}	HCO_3^-	Cl^-	SO_4^{2-}			
0~20	35.88	0.19	0.06	0.47	2.83	2.31	19.4	12.06	10.2	5.46	52.4
20~40	14.38	0.12	0.05	0.29	0.98	1.73	7.31	4.82	9.81	3.83	39.2
40~60	11.10	0.09	0.03	0.13	0.80	1.55	4.88	4.12	9.65	2.99	35.8
60~80	8.29	0.07	0.02	0.08	0.64	1.49	3.70	2.63	9.46	2.75	24.5
80~100	6.62	0.05	0.02	0.07	0.58	1.32	2.89	1.97	9.27	1.98	22.8

阴阳离子含量逐层降低，土壤属于龟裂碱土。暗沟填充物砾石、玉米秸秆和原土。

6.2.2 试验设计

在龟裂碱土统一施用脱硫石膏 28 t/hm^2、农家肥（羊粪）60 m^3/hm^2、过磷酸钙磷肥 600 kg/hm^2、磷酸二胺 225 kg/hm^2、深松深度 0.60 m 和淋洗定额4 500 m^3/hm^2 的基础上 [21]，设淋洗+脱硫石膏+羊粪+过磷酸钙磷肥+磷酸二胺（CK1）、无砾石暗沟排盐（CK2）、砾石暗沟间距 10 m（T1）、砾石暗沟间距 15 m（T2）、砾石暗沟间距 20 m（T3）和砾石暗沟间距 25 m（T4）6 个处理，与 CK1 和 CK2 的改良效果进行比较。试验设计见表 6-2，每个处理设 2 次重复，处理 CK1 和 CK2 小区面积为 48 m^2（8 m×6 m），T1、T2、T3 和 T4 小区面积分别为 440 m^2（22 m×20 m）、540 m^2（27 m×20 m）、640 m^2（32 m×20 m）和 740 m^2（37 m×20 m），田块小区埂高0.5 m。

表 6-2 试验设计

处理号	处理
CK1	0
CK2	深松
T1	深松+暗沟间距（10 m）
T2	深松+暗沟间距（15 m）
T3	深松+暗沟间距（20 m）
T4	深松+暗沟间距（25 m）

6.2.3 研究方法

试验前砾石暗沟开沟用专用开槽机开挖，砾石铺设和原土回填用挖土机，砾石暗沟宽 0.4 m，深 1.2 m，砾石厚度 0.4 m，砾石上层垫薄层秸秆，再将翻晒的原土回填，砾石上层到地面距离 0.8 m，砾石暗沟与排水沟垂直，砾石暗沟现场铺设和剖面图见图 6-1 和图 6-2；土壤深翻、“田”字形深松

图 6-1　田间砾石暗沟铺设图

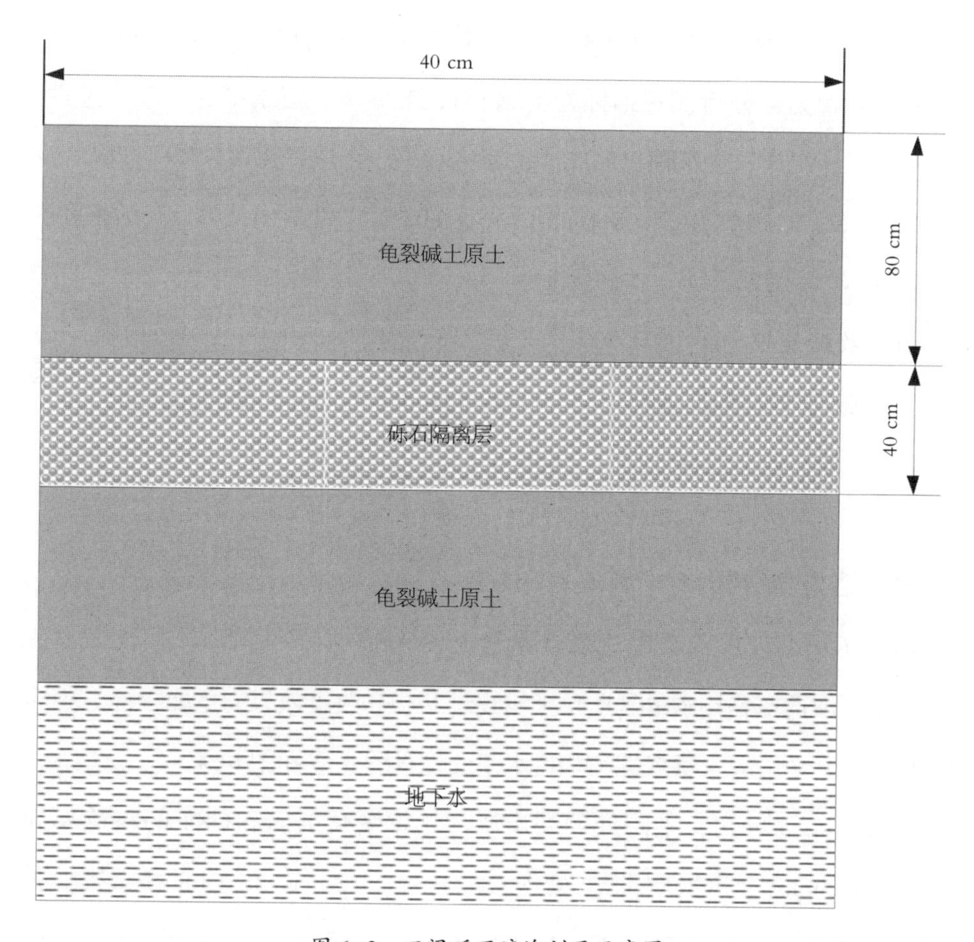

图 6-2　田间砾石暗沟剖面示意图

破解深度 0.6 m；各处理将脱硫石膏、农家肥（羊粪）、过磷酸钙磷肥和磷酸二胺分别均匀施于土壤地表，再旋耕 0.2 m 使其与土壤充分混均，提高改良洗盐效果。播种油葵品种为 S667，株距 0.2 m，行距 0.3 m。S667 是美国胜利公司和中国种子集团有限公司以 501A×318R 杂交选育而成，其特点为个矮、盘大、产量高；茎粗，抗倒伏；耐盐碱、耐瘠、抗病、耐旱，适应性强，适合当地土壤和气候特征。管理模式与当地农民一致。

第 1 年采集土样 2 次是在土壤处理前 1 天的原土和油葵播种前 1 天，第 2 年采集土样是在油葵播种前 1 天，第 3 年采集土样是在油葵收获后，采用“S”形布点法对每个小区采样 3 个，采样土层深度为 0~20 cm、20~40 cm、40~60 cm、60~80 cm 和 80~100 cm。土壤样品风干，磨碎，过 1 mm 筛后，进行分析测定。分析测定指标为土壤 pH、电导率、持水率、土壤渗透性、土壤团聚体组成、土壤颗粒组成、土壤电导率、土壤碱化度、K+、Na^+、交换性钠、Ca^{2+}、Mg^{2+}、Cl^-、SO_4^{2-}、CO_3^{2-}、HCO_3^-，油葵出苗率、存活率和产量。具体测定方法见第 3 章和第 5 章。

6.2.4 数据处理

用 Excel 进行数据处理；用 SPSS11.5 统计分析软件对观测数据进行单因素方差分析和差异显著性检验（LSD 法）。

6.3 结果与分析

6.3.1 不同处理对土壤渗透性和持水量的影响

土壤渗透率和持水量是反映土壤物理结构和改良效果的重要指标。不同处理土层 0~40 cm 土壤渗透率和持水率变化见图 6-3 和图 6-4。

由图 6-3 可知，不同处理间土壤渗透率变化显著，CK1 的渗透率为 0.063 mm/min，与 CK1 相比，处理 CK2、T1、T2、T3 和 T4 的渗透率显著提高，分别提高了 90.7%、95.4%、93.8%、93.3%和 93.2 %，处理 T1 的渗透

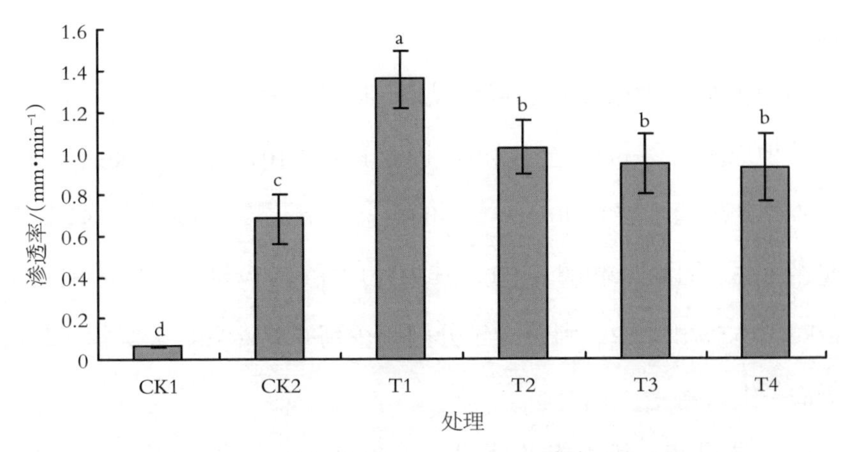

图 6-3　不同处理对土层 0~40 cm 土壤渗透率的影响

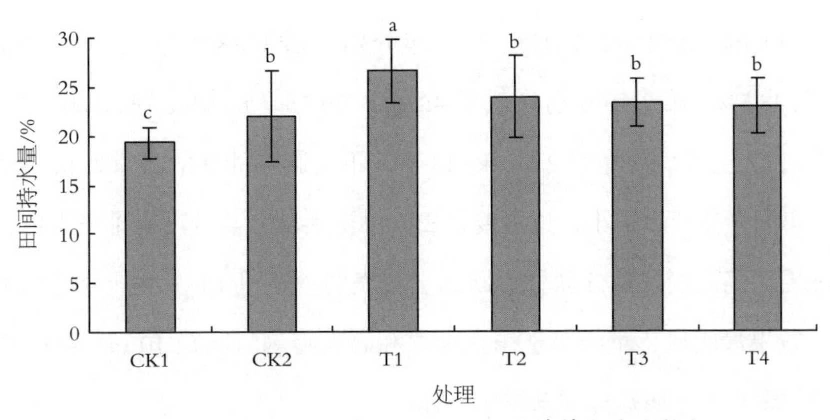

图 6-4　不同处理对土层 0~40 cm 土壤持水量的影响

率显著高于其他处理。

由图 6-4 可知，CK1 持水量为 19.3%，与 CK1 相比，处理 CK2、T1、T2、T3 和 T4 的持水量显著提高，分别提高了 12.3%、27.4%、17.9%、17.2% 和 16.8%，处理 T1 的持水量显著高于其他处理，但处理 CK2、T2、T3 和 T4 的土壤持水量变化不显著。

总之，处理 T1 的渗透率和持水量显著高于其他处理，主要是处理 T1 砾石暗沟间距小，并在脱硫石膏、深松和淋洗共同作用下促使土壤表层结构化、孔隙率增大，提高了土壤含气量和通透性，土壤的渗透率和持水量相应提高。

6.3.2 不同处理对土壤全盐、碱化度和pH的影响

试验地原土表层pH、全盐和碱化度分别为10.2、5.46 g/kg和52.4%，第1年不同处理的土层0~40 cm土壤的全盐、碱化度和pH比CK1显著减少（见图6-5、图6-6和图6-7），其中处理T1减少量最大，分别减少到2.62 g/kg、13.5%和7.82，到第3年分别减少到0.87 g/kg、5.2%和7.28，不会影响油葵生长。

由图6-5可知，第1年各处理土层0~40 cm土壤全盐降低，CK1为4.45 g/kg，CK2、T1、T2、T3和T4的全盐比CK1分别降低了17.3%、41.1%、30.3%、29.4%和28.1%，第2年分别降低了38.6%、64.4%、50.1%、49.4%和48.5%，第3年分别降低了48.9%、79.5%、66.0%、65.6%和63.3%，其中T1~T4土壤全盐降到2.0 g/kg以下，不会影响油葵的正常发育。处理CK1 3年间全盐减少量小，这主要是田间淋洗大部分盐分没有排出土体，聚积在深层，高温蒸发部分盐分返回到土壤表层。处理T1土壤盐分减少量最显著，效果最明显，主要是土壤在深松和砾石暗沟（间距10 m）共同作用下，深层聚集的土壤盐分逐渐排出土体。

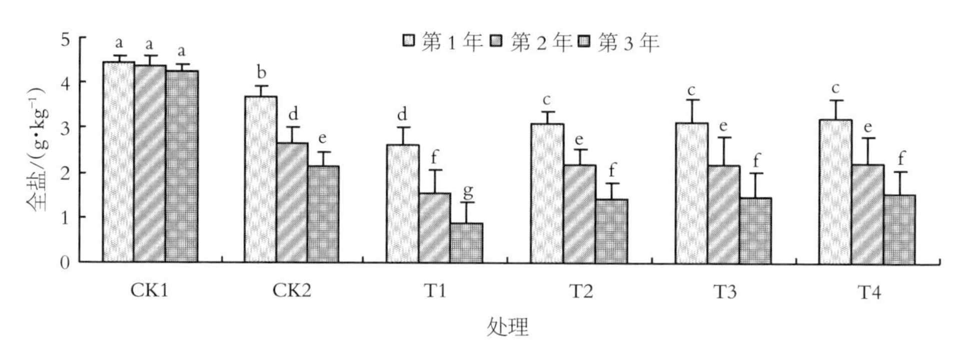

图6-5 不同处理对土层0~40 cm土壤全盐的影响

碱化度是反映土壤碱化性质的重要指标，当土壤碱化度>15%时，会对作物的出苗率、保苗率、生长发育以及产量造成不同程度的影响。由图6-6

可知，第 1 年处理 T1~T4 土层 0~40 cm 土壤碱化度明显减小，碱化度降至 15%以下，处理 CK2、T1、T2、T3 和 T4 的碱化度比 CK1 分别降低了 40.4%、62.6%、49.6%、48.2%和 47.6%，第 2 年分别降低了 56.1%、77.5%、70.8%、69.9%和 69.6%，第 3 年分别降低了 65.2%、84.0%、75.1%、74.2%和 73.5%。处理 T1 土壤的碱化度降低最显著，效果最明显，主要是土壤在脱硫石膏、深松、砾石暗沟（间距 10 m）和淋洗共同作用下，为土壤中的 Ca^{2+} 和 Na^{+} 置换创造了良好环境，加快置换速度，通过砾石暗沟尽可能多地将碱性离子排出土体，土壤碱化度随之降低。

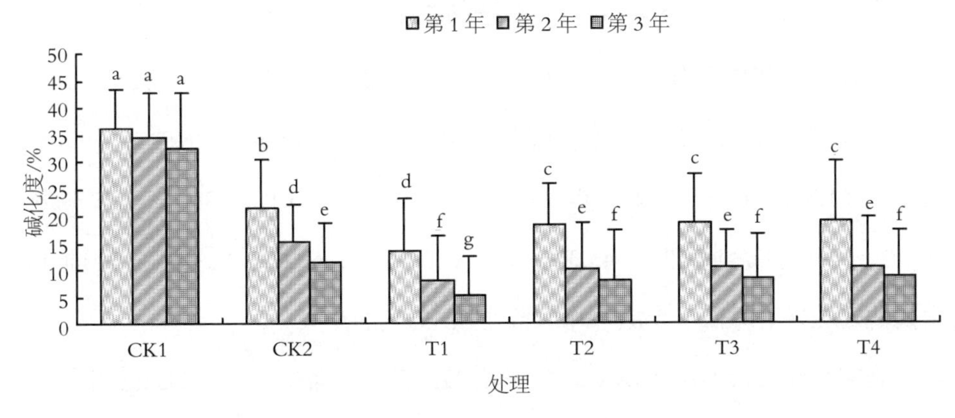

图 6-6　不同处理对土层 0~40 cm 土壤碱化度的影响

由图 6-7 可知，龟裂碱土随着土层 0~40 cm 土壤全盐和碱化度含量降

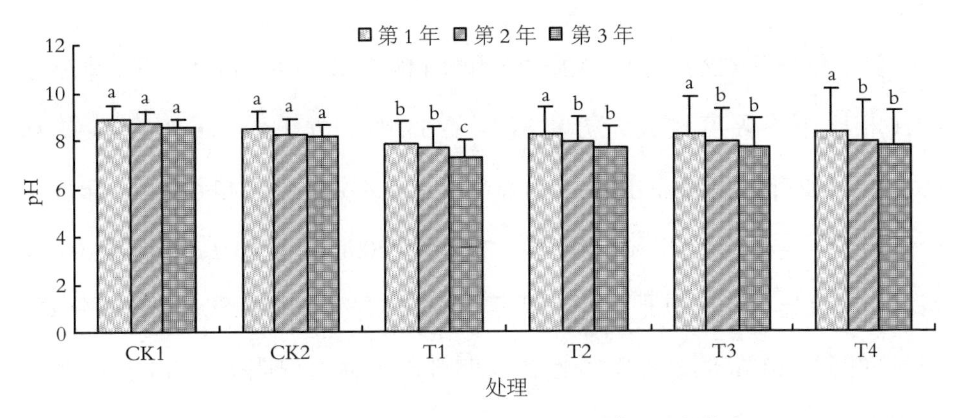

图 6-7　不同处理对土层 0~40 cm 土壤 pH 的影响

低，土壤 pH 也相应明显降低。第 1 年处理 CK2、T1、T2、T3 和 T4 在土层 0~40 cm 土壤 pH 为 7.82~8.46，第 3 年为 7.28~8.18，pH 为中性，不会影响作物生长。土壤 pH 下降的可能原因是脱硫石膏溶解产生的 Ca^{2+}与土壤中的 HCO_3^-和 CO_3^{2-}发生沉淀反应，生成 Ca（HCO_3）$_2$ 和 $CaCO_3$，减少了 HCO_3^-和 CO_3^{2-}含量，因 HCO_3^-和 CO_3^{2-}大量存在引起的土壤高 pH 降低。

综上，通过对处理 CK2、T1、T2、T3 和 T4 对土壤全盐、碱化度和 pH 影响的综合对比分析，发现处理 T1 对龟裂碱土土壤全盐、碱化度和 pH 降低影响显著，改良土壤效果显著。

6.3.3 不同处理对土壤盐分离子含量的影响

由表 6-3 可知，第 1 年处理 CK2、T1、T2、T3 和 T4 在土层 0~40 cm 的土壤 Na^+含量与 CK1 相比下降幅度较大，分别减少了 46.9%、70.6%、61.8%、61.3%和 60.8%，第 2 年分别减少了 36.2%、66.1%、56.1%、55.5%和 55.1%，第 3 年分别减少了 43.3%、78.0%、61.2%、60.6%和 59.8%。处理 T1 比其他处理显著降低了土层 0~40 cm 土壤 Na+含量。

施加脱硫石膏引起土壤 Ca^{2+}含量增加，在淋洗下，Ca^{2+}与 Na+发生置换反应，部分 Ca^{2+}与土壤中的 HCO_3^-和 CO_3^{2-}发生沉淀反应，部分 Ca^{2+}淋洗掉，降低了土壤 Ca^{2+}含量，到第 3 年，在灌溉淋洗下，大部分 Ca^{2+}被淋洗掉而减少。

第 1 年处理 CK2、T1、T2、T3 和 T4 的土层 0~40 cm 土壤 Cl^-含量与 CK1 相比下降幅度较大，分别减少了 53.2%、76.1%、69.4%、68.9%和 68.7%，第 2 年分别减少了 41.2%、77.0%、68.4%、68.1%和 67.6%，第 3 年分别减少了 47.6%、82.7%、72.9%、72.2%和 70.8%。处理 T1 的土壤 Cl^-含量减少幅度显著大于其他处理，主要是从上层土壤淋洗下来的大部分 Cl^-通过间距为 10 m 的砾石暗沟慢慢渗漏排出土体，说明处理 T1 更有利于 Cl^-排出土体。

表 6-3　不同处理下土层 0~40 cm 土壤离子含量

单位：cmol/kg

年份	处理	Na^+	Ca^{2+}	K^+	Mg^{2+}	CO_3^{2-}	HCO_3^-	Cl^-	SO_4^{2-}
第 1 年	CK1	23.67 a	0.16 a	0.07 a	0.24 a	2.16 a	1.98 a	12.6 a	7.40 a
	CK2	12.57 c	0.12 a	0.05 b	0.18 b	1.52 b	1.26 b	5.90 c	4.24 c
	T1	6.97 e	0.10 a	0.03 b	0.15 b	0.86 d	0.76 d	3.01 d	2.62 d
	T2	9.05 d	0.11 a	0.04 b	0.17 b	1.03 c	0.90 c	3.86 d	3.57 c
	T3	9.17 d	0.12 a	0.04 b	0.17 b	1.04 c	0.92 c	3.91 d	3.63 c
	T4	9.27 d	0.12 a	0.05 b	0.17 b	1.06 c	0.94 c	3.94 d	3.67 c
第 2 年	CK1	16.09 b	0.11 a	0.04 b	0.12 b	1.68 b	1.26 b	7.92 b	5.50 b
	CK2	10.26 d	0.09 a	0.03 b	0.09 c	1.21 b	0.89 c	6.66 c	3.71 c
	T1	5.46 f	0.08 a	0.06 a	0.10 c	0.78 d	0.52 e	1.82 f	2.52 d
	T2	7.06 e	0.08 a	0.08 a	0.08 c	0.96 c	0.72 d	2.50 e	3.10 c
	T3	7.16 e	0.09 a	0.08 a	0.08 c	0.98 c	0.73 d	2.53 e	3.15 c
	T4	7.23 e	0.07 a	0.09 a	0.09 c	0.99 c	0.74 d	2.57 e	3.18 c
第 3 年	CK1	12.87 c	0.10 a	0.09 a	0.15 b	1.45 b	0.91 c	5.72 c	5.05 b
	CK2	7.30 e	0.08 a	0.07 a	0.11 b	0.89 c	0.60 e	3.00 d	3.01 c
	T1	2.83 g	0.05 b	0.03 b	0.03 d	0.54 e	0.33 f	0.99 g	1.08 e
	T2	4.99 f	0.07 a	0.06 a	0.04 d	0.74 d	0.45 e	1.55 f	2.42 d
	T3	5.07 f	0.07 a	0.06 a	0.06 d	0.75 d	0.46 e	1.59 f	2.45 d
	T4	5.18 f	0.08 a	0.07 a	0.07 c	0.77 d	0.48 e	1.67 f	2.46 d

注:小写字母代表是在 0.05 水平下比较,差异显著。

土壤中 SO_4^{2-}主要来自于脱硫石膏和原土，含量也很高，淋洗后，第 1 年处理 CK2、T1、T2、T3 和 T4 的土层 0~40 cm 土壤 SO_4^{2-}含量与 CK1 相比下降幅度较大，分别减少了 42.7%、64.6%、51.7%、50.9%和 50.4%，第 2 年分别减少了 32.5%、54.2%、43.6%、42.7%和 42.2%，第 3 年分别减少了 40.4%、78.6%、52.1%、51.5%和 51.3%。处理 T1 的土壤 SO_4^{2-}含量减少幅度显著大于其他处理，说明处理 T1 减少土体 SO_4^{2-}含量效果显著。

第 1 年处理 CK2、T1、T2、T3 和 T4 的土层 0~40 cm 土壤 HCO_3^-含量与 CK1 相比分别减少了 36.4%、61.6%、54.5%、53.5%和 52.5%，CO_3^{2-}含量分别减少了 29.6%、60.2%、52.3%、51.9%和 50.9%，第 3 年 HCO_3^-含量分别减少了 34.1%、63.7%、50.5%、49.5%和 47.3%，CO_3^{2-}含量分别减少了 38.6%、62.8%、48.9%、48.3%和 46.9%。处理 T1 的土壤 HCO_3^-和 CO_3^{2-}含量减少幅度显著大于其他处理，土壤中 HCO_3^-和 CO_3^{2-}减少量一部分是脱硫石膏溶解的 Ca^{2+}与土壤中的 HCO_3^-和 CO_3^{2-}发生沉淀反应，一部分是通过淋洗排出土体。

6.3.4　不同处理对油葵出苗、保苗、生长情况及产量的影响

盐碱地改良的关键是将影响作物生长的有害盐分离子降低到有害值以下，创造耕作层适宜作物生长的土壤环境，并在作物关键生育期防止土壤返盐，提高作物出苗率、保苗率和产量。前面已经研究了脱硫石膏、深松和砾石暗沟综合措施改良龟裂碱土能改善土壤结构，提高土壤入渗率和脱盐率，减少土壤有害盐分离子。不同处理对油葵出苗、生长和产量的影响见表 6-4。第 1 年各处理油葵的出苗天数、出苗率、存活率、茎粗、盘径和产量显著优于 CK1，尤其是处理 T1 显著优于其他处理，T1 的油葵出苗率、存活率、茎粗、盘径和产量比 CK1 分别提高了 35.6%、33.9%、31.9%、34.0%和 37.4%，第 2 年分别提高了 40.7%、28.8%、35.5%、33.3%和 41.9%，第 3 年分别提高了 44.8%、42.2%、42.4%、43.3%和 49.9%，这主要是处理 T1 为油葵的生长发育提供了良好的土壤环境，第 3 年土壤达到轻度碱化土壤，几乎不影响油葵的正常生长发育。

总之，CK2 对土壤全盐、碱化度的降低和油葵产量的提高显著优于 CK1，说明深松有利于土壤脱盐；处理 T1~T4 对土壤全盐、碱化度的降低和油葵产量的提高显著优于 CK2，处理 T1 最显著，说明砾石暗沟间距为 10 m 更有利于土壤脱盐。

表 6-4　不同处理对油葵出苗、生长和产量的影响

年份	处理	出苗天数/d	出苗率/%	存活率/%	茎粗/cm	盘径/cm	籽粒产量/($kg \cdot hm^{-2}$)
第 1 年	CK1	12	50.8 e	62.2 d	2.67 e	13.8 d	1 822.6 E
	CK2	9	63.1 d	80.2 c	3.47 d	16.6 c	2 312.6 D
	T1	6	78.9 c	94.1 b	3.92 c	20.9 b	2 913.2 C
	T2	7	66.6 d	86.8 c	3.55 d	17.0 c	2 499.5 D
	T3	8	64.8 d	86.5 c	3.51 d	16.8 c	2 417.8 D
	T4	8	64.2 d	85.9 c	3.48 d	16.5 c	2 488.4 D
第 2 年	CK1	11	54.2 e	68.6 d	2.85 e	14.6 d	1 937.8 E
	CK2	8	78.5 c	89.8 c	3.74 c	16.6 c	2 556.5 D
	T1	6	91.4 b	96.4 b	4.42 b	21.9 b	3 334.4 B
	T2	7	81.5 c	90.7 b	3.86 c	17.8 c	2 879.8 C
	T3	7	80.1 c	89.4 c	3.81 c	16.9 c	2 817.5 C
	T4	7	79.6 c	89.2 c	3.79 c	16.7 c	2 808.3 C
第 3 年	CK1	10	53.5 e	57.8 e	2.94 e	15.7 d	2 006.4 E
	CK2	8	88.4 b	92.5 b	3.98c	19.6 b	2 615.2 D
	T1	6	96.6 a	100 a	5.10 a	27.7 a	4 006.6 A
	T2	6	91.3 b	94.2 b	4.30 b	21.2 b	3 182.7 B
	T3	7	90.7 b	93.5 b	4.26 b	20.7 b	3 036.1 B
	T4	7	89.2 b	93.2 b	4.25 b	20.4 b	2 992.5 B

注:小写字母代表是在 0.05 水平下比较,差异显著;大写字母代表在 0.01 水平下比较,差异极显著。

6.4　本章小结

龟裂碱土在深松深度 0.60 m、施用脱硫石膏用量 28 t/hm^2、农家肥（羊粪）用量 60 m^3/hm^2、过磷酸钙磷肥用量 600 kg/hm^2、磷酸二胺用量 225 kg/hm^2 和淋洗定额 4 500 m^3/hm^2 的基础上，通过 3 年的田间对比试验，研究了砾石暗沟不同间距为 10 m（T1）、15 m（T2）、20 m（T3） 和 25 m

(T4) 的田间排盐效果对龟裂碱土理化性能及种植油葵生长的影响，并与不设置砾石暗沟 CK1 的改良效果进行比较，得到以下主要结论：

(1) 各处理提高了龟裂碱土入渗率和持水量，与 CK1 相比，处理 T1 效果最为显著，土壤入渗率和持水量分别提高 95.4%和 27.4%。

(2) 各处理均显著降低了土壤全盐、碱化度和 pH，其中，处理 T1效果最为显著，第 1 年处理 T1 的土层 0~40 cm 土壤全盐、碱化度和 pH 比 CK1 分别降低了 41.1%、62.6%和 12.1%，第 2 年分别降低了 64.4%、77.5%和 11.5%，第 3 年分别降低了 79.5% 、84.0%和 15.3%。

(3) 各处理均显著降低了土层 0~40 cm 土壤有害离子 Na^{+}、Cl^{-}、SO_4^{2-}、HCO_3^{-}和 CO_3^{2-}含量，其中，处理 T1 效果最为显著，与 CK1 相比，第 1 年分别下降了 70.6%、76.1%、64.6%、61.6%和 60.2%，第 2 年分别下降了 66.1%、77.0%、54.2%、58.7%和 53.6%，第 3 年分别下降了 78.0%、82.7%、78.6%、63.7%和 62.8%。

(4) 各处理提高了油葵产量，其中，处理 T1 效果最为显著，与 CK1 相比，处理 T1 第 1 年、第 2 年和第 3 年油葵籽粒产量分别增加了 37.4%、41.9%和 49.9%。

(5) 脱硫石膏 (28 t/hm^2) +深松 (深度 0.6 m) +砾石暗沟 (间距 10 m) +淋洗 (定额 4 500 m^3/hm^2) 综合措施适合新垦龟裂碱土旱田水盐调控，有利于改善土壤的理化性质，提高土壤渗透率、持水量和脱盐脱碱率，促进油葵生长发育，提高油葵产量。

第 7 章　龟裂碱土水盐调控模式研究

7.1　引言

目前，盐碱地改良主要有水利、化学、生物和物理措施，从根治有害盐分离子、单一改良等措施到水盐调控的综合措施，达到盐碱地改良和防控的目的，为作物生长创造良好的土壤水、盐、肥和气环境，维持土地的可持续利用。黏土层会影响龟裂碱土水盐的垂直运动，降低土壤毛管水上升速度，减缓土壤表层返盐速度，减少表层盐分聚集量。黏土层越薄，毛管水上升速度越快，土壤表层积盐越多。同时，黏土层阻碍土壤水盐向深层移动，严重阻碍土壤排盐、脱盐的效果。据研究土壤 1 m 深度内出现 20 cm 厚的黏土层，冲洗脱盐效果会明显降低。由于龟裂碱土 1 m 深度内有 40 cm 厚的碱化黏土层，淋洗盐分离子不能有效地排出土体，造成深层有害离子聚积，引起脱盐后再返盐现象，严重制约了用改良剂和淋洗结合的改良模式在龟裂碱土荒地上的可持续利用。因此，龟裂碱土需集改、排、防、治为一体的快速高效改良和构建作物根区土壤环境的新技术、新模式。

土壤盐碱化过程和盐分离子的动态变化对作物的生长发育的危害是盐碱地改良的重点。对于干旱半干旱地区，改善土壤结构，降低土壤有害盐分离子，减少土壤水分蒸发，防止返盐，降低地下水埋深是盐碱地防控的关键。由于研究区龟裂碱土没有采取合适的水盐调控措施，土壤在灌溉洗盐、压盐期间，上层土壤脱盐，下层土壤积盐，盐分很难排出土体，在灌溉结束后，蒸发作用下，土壤又开始积盐、返盐，土壤含盐量增加。基于上述问题，提出龟裂碱土开发利用的关键技术，具体措施：① 对龟裂碱土进行深翻和深松，打破表层坚硬结皮和土层碱化层，提高土壤淋洗渗透性，加速田间土壤水分和盐分排出土体，提高洗盐效率。② 设置砾石暗沟排盐系统，在灌溉和淋洗盐分时，土壤中的盐分随水分向土层深处运动下渗到暗沟，在灌溉淋洗反复作用下，累积土壤深层的盐分随时间的推移，慢慢渗入砾石暗沟，再排到排水沟。尽可能大的将土壤盐分排出土体，使耕作层及深层土壤逐年实现脱盐。③ 土壤添加改良剂脱硫石膏和糠醛渣，降低土壤碱化度和pH，改善土壤结构。④ 土壤表层施加黄沙，具有保温、保墒、阻止土壤水分蒸发、防止返盐、增大土壤孔隙度和增强渗透性的作用，创建一个适宜作物生长发育的土壤小环境。⑤ 在作物关键生育期、灌溉和洗盐时，将地下水埋深调控到临界深度以下，减少土壤积盐量。将上述单项措施进行集成，对龟裂碱土进行水、肥、盐联合调控，创造土层 0~20 cm 适宜作物生长的水、肥、盐均衡以及良好的土壤结构的生态环境，促进油葵高产、稳产。

7.2 材料与方法

7.2.1 试验材料

试验区选在宁夏银北西大滩前进农场，土壤化学性质测试结果见表 7-1。土层 0~100 cm 土壤平均碱化度>25%，全盐在 1.92~5.62 g/kg，表层最高，呈现“表聚”现象，随土层深度增加逐渐降低。阳离子主要以 Na^+为主，土层 0~100 cm 土壤 Na^+含量为 6.28~36.52 cmol/kg，随土层深度增加 Na^+含量降低；阴离子以 Cl^-、SO_4^{2-}和 HCO_3^-为主，土层 0~100 cm 土壤 Cl^-含量为2.84~20.2 cmol/kg，SO_4^{2-}含量为 1.95~12.34 cmol/kg，HCO_3^-含量为 1.03~

2.25 cmol/kg，随土层深度增加他们的含量降低。改良剂脱硫石膏和糠醛渣的理化性质见第 5 章。

表 7-1　试验土壤化学性状

土层深度/cm	离子成分含量/(cmol·kg^{-1})								pH	全盐/(g·kg^{-1})	碱化度/%
	Na^+	Ca^{2+}	K^+	Mg^{2+}	CO_3^{2-}	HCO_3^-	Cl^-	SO_4^{2-}			
0~20	36.52	0.21	0.08	0.53	2.95	2.25	20.2	12.34	10.8	5.62	54.1
20~40	14.52	0.15	0.06	0.32	1.10	1.38	7.57	5.00	9.86	3.97	39.9
40~60	12.2	0.10	0.05	0.15	0.80	1.25	5.98	4.47	9.70	3.08	36.5
60~80	8.17	0.07	0.02	0.11	0.64	1.12	3.84	2.77	9.40	2.82	25.4
80~100	6.28	0.05	0.02	0.05	0.58	1.03	2.84	1.95	9.28	1.92	21.4

7.2.2　试验设计

根据试验区土壤特征、灌排措施和气候特征，在统一施用脱硫石膏（28 t/hm^2）、糠醛渣（22.5 t/hm^2）和淋洗定额（4 500 m^3/hm^2）的基础上，设添加黄沙（T1）、深松（T2）、砾石暗沟（T3）、黄沙+深松（T4）、黄沙+砾石暗沟（T5）、深松+砾石暗沟（T6）和黄沙+深松+砾石暗沟（T7）7 个处理，只采取淋洗措施为对照（CK），试验设计见表 7-2。每处理设 2 次重

表 7-2　试验设计

处理号	处理
CK	0
T1	脱硫石膏+糠醛渣+黄沙
T2	脱硫石膏+糠醛渣+深松
T3	脱硫石膏+糠醛渣+砾石暗沟
T4	脱硫石膏+糠醛渣+黄沙+深松
T5	脱硫石膏+糠醛渣+黄沙+砾石暗沟
T6	脱硫石膏+糠醛渣+深松+砾石暗沟
T7	脱硫石膏+糠醛渣+黄沙+深松+砾石暗沟

复，处理 T1、T2 和 T4 小区面积为 48 m^2（8 m×6 m），其他小区面积为 480 m^2（24 m×20 m），埂高 0.5 m。砾石暗沟宽 0.4 m，深 1.2 m，砾石暗沟间距 10 m，与排水沟垂直。用水泵强排排水沟中的水，田间暗管调控地下水埋深，见图 7-1 和图7-2。

图 7-1　田间暗管铺设作业

图 7-2　明沟强排

7.2.3　研究方法

试验前土壤深翻、“田”字形深松破解深度 0.6 m，施用黄沙 120 m^3/hm^2、农家肥（羊粪）60 m^3/hm^2、过磷酸钙磷肥 600 kg/hm^2 和磷酸二胺 225 kg/hm^2。各处理脱硫石膏、糠醛渣和黄沙分别均匀施于土壤地表，再旋耕 20 cm 使其与土壤充分混均，提高改良洗盐效果。播种油葵（品种为 S667），采用双粒点播膜孔铺沙，株距 20 cm，行距 30 cm。油葵关键生育期和灌溉期，用水泵抽排排水沟中的水和暗管调控地下水埋深在 1.5 m 以下。

为了分析各处理对土壤改良效果和洗盐效果，第 1 年采集土样 2 次是在土壤实施水盐调控措施前 1 天和油葵播种前 1 天，第 3 年采集土样是在油葵播种前 1 天，采用“S”形布点法对每个小区采样 3 个，采样土层深度为 0~20 cm、20~40 cm、40~60 cm、60~80 cm 和 80~100 cm。土壤样品风干，磨碎，过 1 mm 筛后，进行分析测定。分析测定指标有土壤 pH、电导率、持水量、渗透率、全盐、碱化度、K^+、Na^+、交换性钠、Ca^{2+}、Mg^{2+}、Cl^-、SO_4^{2-}、CO_3^{2-}、HCO_3^-，油葵出苗率、存活率、产量。具体方法参照第 3章和第 5章。

7.2.4　数据处理

用 Excel 进行数据处理；用 SPSS11.5 统计分析软件对观测数据进行单因素方差分析和差异显著性检验（LSD 法）。

7.3　结果与分析

7.3.1　各处理对土壤渗透性和持水量的影响

土壤渗透性和持水量是反映土壤物理结构改良效果的重要指标。不同处理土层 0~40 cm 土壤渗透率和持水量如图 7–3 和 7–4 所示。

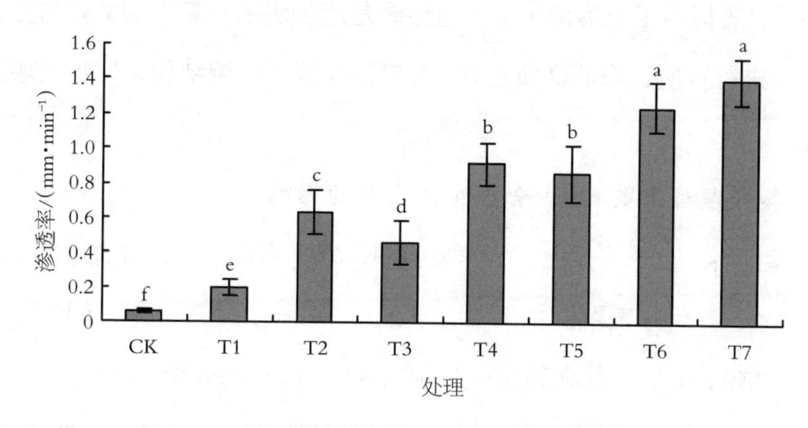

图 7–3　不同处理对土层 0~40 cm 土壤渗透率的影响

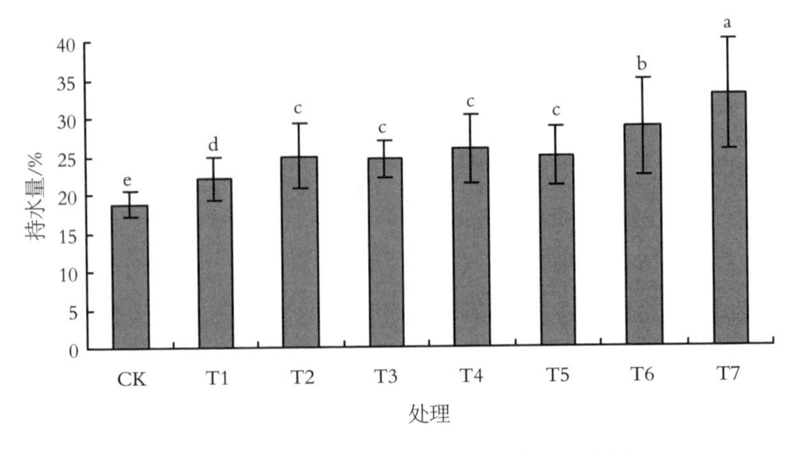

图 7-4 不同处理对土层 0~40 cm 持水量的影响

由图 7-3 可知，与 CK 相比，处理 T1、T2、T3、T4、T5、T6 和 T7 的土壤渗透率显著增加，分别增加了 70.3%、90.2%、85.7%、93.6%、93.2%、95.3%和 95.8%。处理 T4 和 T5 土壤渗透率无明显差别，T6 和 T7 也无明显差别，但处理 T6 和 T7 土壤渗透率显著高于其他处理，说明处理 T6 和 T7 改善土壤结构效果显著。

由图 7-4 可知，处理 T2~T5 之间土壤持水量无明显变化，处理 T6 和 T7 变化显著，与 CK 相比，处理 T1、T2、T3、T4、T5、T6 和 T7 的土壤持水量分别提高了 14.5%、24.8%、23.3%、26.1%、24.2%、34.5%和 42.7%，处理 T7 显著提高了土壤持水量，这主要是施加脱硫石膏中的 Ca^{2+}与土壤胶体的 Na^{+}进行置换，降低交换性 Na^{+}含量，改善了土壤结构，增加土壤团聚体数量。

7.3.2 各处理对土壤 pH、全盐和碱化度的影响

试验区春、夏季多风少雨，蒸发强烈，地下水埋深浅，导致原始土壤和已改良的土壤盐分表聚。如图 7-5 至图 7-7 所示，第 1 年，CK 土层 0~40 cm 土壤的 pH、全盐和碱化度分别为 9.9、4.85 g/kg 和 46.1%，处理 T1~T7 的土层 0~40 cm 土壤的 pH、全盐和碱化度比 CK 显著减少，处理 T7 减

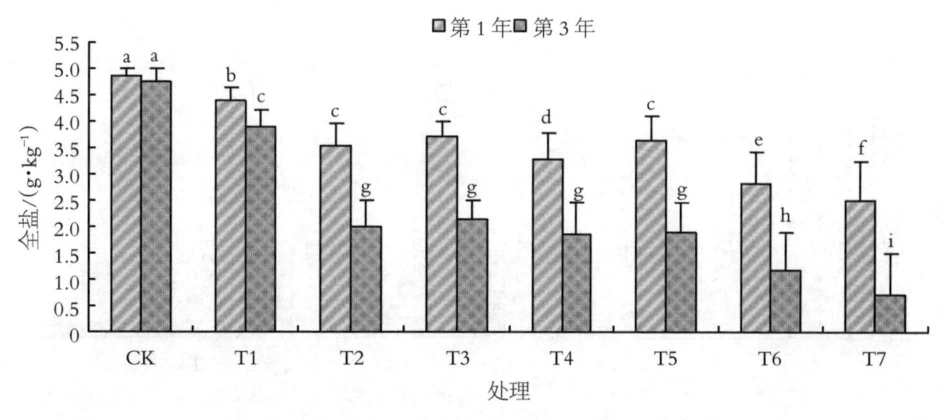

图 7-5　不同处理对土层 0~40 cm 土壤全盐的影响

少量最大，分别减小到 7.67、2.5 g/kg 和 12.5%，第 3 年分别减小到 7.22、0.71 g/kg 和 4.2%。

由图 7-5 可知，第 1 年各处理的土层 0~40 cm 土壤全盐比 CK 显著降低，处理 T1、T2、T3、T4、T5、T6 和 T7 的土壤全盐比 CK 分别降低了 9.7%、26.7%、23.4%、32.6%、25.1%、41.8%和 48.4 %；第 3 年处理 T2~T7 土壤全盐降低量大，达到轻度碱化土壤的全盐指标 3.0 g/kg 以下，处理 T1、T2、T3、T4、T5、T6 和 T7 的土壤全盐比 CK 分别降低了 18.1%、57.7%、55.1%、60.9%、59.9%、75.0%和 85.0 %；第 3 年处理 T1、T2、T3、T4、T5、T6 和 T7 土壤全盐比第 1 年分别降低了 11.4%、43.6%、42.7%、44.9%、47.7%、58.1%和 71.5 %。说明到第 3 年土壤盐分进一步得到淋洗排出土体，从而表现出土壤盐分含量显著降低，由于黄沙具有保墒、抑制土壤水分蒸发和防止返盐作用，阻止土壤盐分表面聚积，所以，处理 T2 土壤盐分降低百分比小于 T4，T3 土壤盐分降低百分比小于 T5，T6 土壤盐分降低百分比小于 T7。第 3 年处理 T7 的土壤全盐下降量显著大于其他处理，处理 T7 改良土壤效果最好。

碱化度是反映土壤碱化性质的重要指标，当土壤碱化度 $>$ 15%时，会对作物的出苗率以及生长发育造成不同程度的影响。由图 7-6 可知，在施加脱

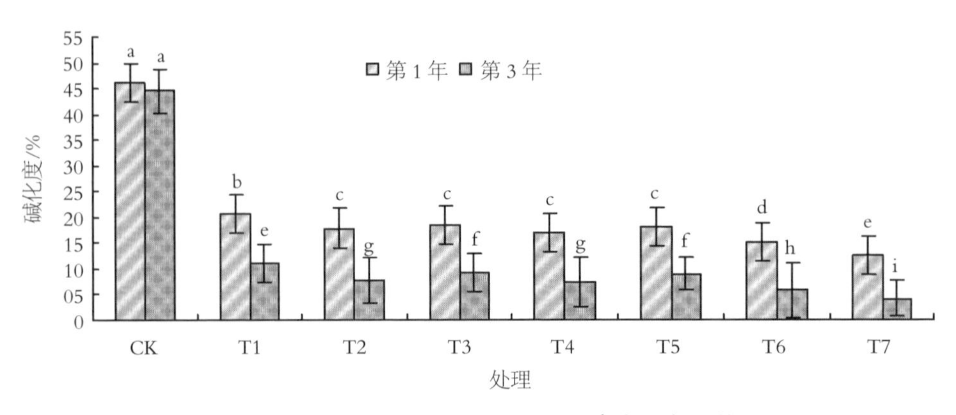

图 7-6　不同处理对土层 0~40 cm 土壤碱化度的影响

硫石膏和糠醛渣以及淋洗作用下，第 1 年各处理土层 0~40 cm 碱化度比 CK 明显减小，土壤的碱化度降至 20%以下，处理 T7 土壤碱化度降低幅度最大，处理 T1、T2、T3、T4、T5、T6 和 T7 的土壤碱化度比 CK 分别降低了 55.3%、61.2%、59.7%、62.9%、61.0%、67.5%和 72.9 %；第 3 年处理 T1、T2、T3、T4、T5、T6 和 T7 的土壤碱化度比 CK 分别降低了 75.3%、82.5%、79.3%、83.6%、80.0%、86.9%和 90.6%；第 3 年处理 T1、T2、T3、T4、T5、T6 和 T7 土壤碱化度比第 1 年分别降低了 46.6%、56.4%、50.5%、57.3%、50.6%、60.0%和 66.4 %。主要是龟裂碱土在统一施入脱硫石膏和糠醛渣以及淋洗条件下，各处理为 Ca^{2+}和 Na^{+}置换创造了土壤环境，置换速度加快，通

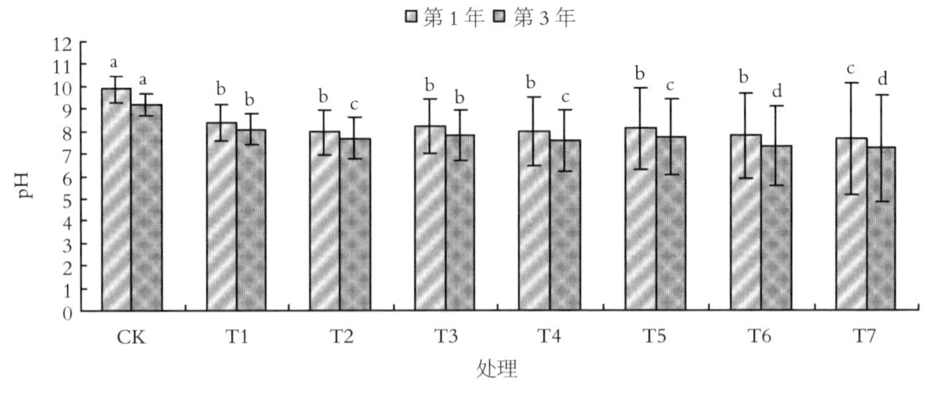

图 7-7　不同处理对土层 0~40 cm 土壤 pH 的影响

过淋洗降低土层有害盐分离子，并且使部分盐分离子排出土体，并防控土壤返盐，碱化度随之显著降低。

由图 7–7 可知，伴随着土层 0~40 cm 土壤全盐和碱化度降低，各处理土壤 pH 也相应明显降低。第 1 年处理 T1~T7 土层 0~40 cm 土壤的 pH 为 7.67~8.36，到第 3 年为 7.22~8.09，pH 为中性。土壤 pH 下降的可能原因是糠醛渣 pH 在 2 左右，酸性很强，酸碱中和降低土壤 pH，以及脱硫石膏溶解产生的 Ca^{2+}与土壤中的 HCO_3^-和 CO_3^{2-}发生沉淀反应，使 HCO_3^-和 CO_3^{2-}含量降低引起土壤 pH 减小。

7.3.3 各处理对土壤主要离子含量的影响

由表 7–3 可知，土壤在施用脱硫石膏、糠醛渣及淋洗多重作用及其他措施下，土壤水盐活动加剧了胶体 Na^+与阳离子的交换。各处理与 CK 相比，第 1 年处理 T1~T7 土壤 Na^+含量在土层 0~40 cm 下降幅度大，减少了 31.1%~91.7%，第 3 年减少了 56.7%~98.4%，其中处理 T7 第 1 年和第 3 年土壤的 Na^+含量分别下降了 91.7%和 98.4%，下降幅度最大。施加脱硫石膏引起土壤 Ca^{2+}含量增加，在淋洗下，Ca^{2+}与 Na^+发生置换反应，部分 Ca^{2+}与土壤中的 HCO_3^-和 CO_3^{2-}发生沉淀反应，降低了土壤 Ca^{2+}含量；到第 3 年，由于灌溉淋洗大部分 Ca^{2+}被淋洗掉而减少。不同处理土壤中 Mg^{2+}和 K^+含量逐年降低。

由表 7–3 可知，处理 T1~T7 第 1 年淋洗后土层 0~40 cm 的土壤 Cl^-含量比 CK 显著下降，减少了 35.0%~93.7%，第 3 年减少了 61.9%~99.1%，处理 T1 的土壤 Cl^-含量减少幅度较小，主要是淋洗时部分 Cl^-渗入下层难排出土体，蒸发下 Cl^-再次运移到土壤表层，处理 T7 的土壤 Cl^-下降量显著大于其他处理。各处理土壤中 SO_4^{2-}含量与 CK 相比，第 1 年处理 T1~T7 土壤 SO_4^{2-}含量减少了 27.6%~89.9%，第 3 年减少了 56.7%~98.2%，其中处理 T7 第 3 年土壤的 SO_4^{2-}含量下降了 98.2%，下降幅度最大。各处理土层 0~40 cm 的 CO_3^{2-}和 HCO_3^-含量较少，主要是脱硫石膏溶解 Ca^{2+}与土壤中的 HCO_3^-和

表 7–3　不同处理土层 0~40 cm 土壤离子含量变化

单位：cmol/kg

年份	处理	Na^+	Ca^{2+}	K^+	Mg^{2+}	CO_3^{2-}	HCO_3^-	Cl^-	SO_4^{2-}
第 1 年	CK	25.40	0.12	0.07	0.20	2.71	1.48	12.71	9.48
	T1	17.50	0.17	0.10	0.17	1.98	0.86	8.26	6.86
	T2	8.94	0.10	0.05	0.08	0.98	0.51	4.21	3.47
	T3	14.87	0.16	0.08	0.15	1.81	0.85	6.89	5.71
	T4	7.80	0.08	0.04	0.10	0.78	0.46	3.76	3.02
	T5	13.67	0.14	0.06	0.12	1.70	0.76	6.16	5.37
	T6	4.26	0.06	0.05	0.07	0.58	0.27	1.63	1.96
	T7	2.12	0.05	0.03	0.05	0.36	0.15	0.79	0.95
第 3 年	CK	22.04	0.08	0.06	0.16	2.17	1.13	10.68	8.36
	T1	9.54	0.15	0.06	0.12	1.31	0.88	4.06	3.62
	T2	3.38	0.10	0.04	0.06	0.68	0.45	1.21	1.24
	T3	6.03	0.12	0.04	0.10	0.92	0.62	2.47	2.28
	T4	2.51	0.08	0.03	0.04	0.51	0.35	0.72	1.08
	T5	4.03	0.14	0.08	0.09	0.72	0.56	1.54	1.52
	T6	0.92	0.06	0.03	0.02	0.23	0.14	0.26	0.40
	T7	0.36	0.05	0.02	0.01	0.11	0.08	0.10	0.15

CO_3^{2-}发生沉淀反应，降低了土壤 HCO_3^-和 CO_3^{2-}。

7.3.4　不同处理对油葵出苗、保苗、生长情况及产量的影响

盐碱地旱田改良的关键是将影响作物生长的有害盐分离子通过离子交换和淋洗降低到有害值以下，创造耕作层适宜作物生长的土壤环境，关键生育期防止返盐，提高作物出苗率、保苗率和产量。

如表 7–4 所示，第 1 年各处理油葵的出苗天数、出苗率、存活率、株高、茎粗、盘径和产量显著优于 CK，尤其是处理 T7 显著优于其他处理，T7 的油葵出苗率、存活率、株高、茎粗和盘径比 CK 分别提高 89.8%、

表 7-4　不同处理对油葵出苗、生长和产量及产值的影响

年份	处理	出苗天数/d	出苗率/%	存活率/%	株高/cm	茎粗/cm	盘径/cm	籽粒产量/(kg·hm^{-2})
第 1 年	CK	12	9.0 e	8.3 e	18.2 d	1.35 d	8.0 d	14.7 E
	T1	9	69.2 d	70.4 d	70.9 c	2.54 c	12.6 c	2 476.2 D
	T2	8	76.6 d	80.5 c	79.2 c	3.52 b	14.8 c	2 738.8 C
	T3	10	70.4 d	74.8 c	73.6 c	2.66 c	13.7 c	2 656.1 C
	T4	8	80.8 c	82.1 c	88.5 b	3.69 b	15.6 b	2 852.4 B
	T5	9	72.5 d	76.6 c	78.1 c	3.49 b	14.3 c	2 720.0 C
	T6	8	84.1 c	90.2 b	89.5 b	3.74 b	16.4 c	2 943.2 B
	T7	6	88.6 b	95.0 a	95.4 a	3.86 b	18.8 b	3 391.1 B
第 3 年	CK	12	11.2 e	10.2 e	20.5 d	1.53 d	9.2 d	31.2 E
	T1	8	80.2 c	82.2 c	80.0 b	3.40 b	13.5 c	2 618.4 C
	T2	7	84.7 c	86.8 b	87.1 b	3.57 b	16.0 b	2 800.3 B
	T3	8	80.9 c	84.2 b	82.8 b	3.47 b	14.8 c	2 756.1 B
	T4	6	90.4 b	92.5 a	93.5 a	3.76 b	16.8 c	2 813.1 B
	T5	7	81.7 c	86.4 b	83.8 b	3.53 b	15.7 c	2 772.9 C
	T6	6	89.5 b	95.5 a	95.6 a	3.86 b	18.0 b	3 156.2 B
	T7	6	94.2 a	100 a	98.2 a	4.23 a	22.9 a	4 384.8 A

注：小写字母代表是在 0.05 水平下比较，差异显著；大写字母代表在 0.01 水平下比较，差异极显著。

91.3%、80.9%、65.0%和 57.4%，第 3 年分别提高 88.1%、89.8%、79.1%、63.8%和 59.8%；与 CK 相比，第 1 年各处理油葵籽粒产量极显著增加，处理 T7 增加最大，处理 T7 油葵籽粒产量为 3391.1 kg/hm^2，第 3 年比第 1 年增加了 22.7%。龟裂碱土在处理 T7 综合水盐调控措施下，黄沙具有保温、保墒、防止返盐和改善土壤结构的作用，以及深松和砾石暗沟保障淋洗盐分尽可能多的排出土体，为油葵的生长发育提供了适宜的土壤温度、湿度、结构和盐分，几乎不影响油葵的正常生长发育。

7.4 本章小结

本试验研究在统一施用脱硫石膏 28 t/hm²、糠醛渣 22.5 t/hm² 和淋洗定额 4 500 m³/hm² 的基础上，通过 3 年的田间对比试验，研究了在添加黄沙（T1）、深松（T2）、砾石暗沟（T3）、黄沙+深松（T4）、黄沙+砾石暗沟（T5）、深松+砾石暗沟（T6）和黄沙+深松+砾石暗沟（T7）7 个不同处理对龟裂碱土的土壤理化性质及种植油葵生长发育的影响，只采取淋洗措施为对照（CK），主要结论如下：

（1）各处理提高了龟裂碱土入渗率和持水量，其中，处理 T7 效果最为显著，与 CK 相比，T7 的土壤入渗率和持水量分别提高了 95.8%和 42.7%。

（2）各处理均显著降低了土壤全盐、碱化度和 pH，其中，处理 T7效果最为显著，与 CK 相比，第 1 年，处理 T7 土层 0~40 cm 土壤全盐和碱化度分别下降了 48.4%和 72.9%，第 3 年分别下降了 85.0%和 90.6%；第 3 年比第 1 年全盐和碱化度分别降低了 71.5%和 66.4%；第 1 年和第 3 年土壤的 pH 分别为 7.67 和 7.22，pH 为中性。

（3）各处理均显著降低了土层 0~40 cm 土壤有害离子 Na^+、Cl^-和 SO_4^{2-} 含量，其中，处理 T7 效果最为显著，与 CK 相比，第 1 年分别下降了 91.7%、93.7%和 89.9%，第 3 年分别下降了 98.4%、99.1%和 98.2%。

（4）各处理均提高了油葵产量，其中，处理 T7 效果最为显著，第 1 年，处理 T7 的油葵籽粒产量为 3 391.1 kg/hm²，第 3 年比第 1 年增加了 22.7%。

综上所述，处理 T7 综合措施适合新垦龟裂碱土旱田水盐调控，打破了土壤表层板结和土壤碱化层，改善土壤的物理和化学环境，增强土壤渗透率、持水量和脱盐脱碱率，盐分逐年排出土体，创造良好的土壤环境，促进油葵生长发育。

第 8 章　结论与讨论

本文以宁夏银北西大滩典型龟裂碱土为研究对象，针对龟裂碱土土质坚硬、渗透性差和改良利用难等问题，以田间试验为基础，在试验区龟裂碱土的理化性质、龟裂碱土原土土壤水盐运移特征、地下水埋深时空变化规律和田间洗盐改良措施盐分变化特征进行分析的基础上，将盐碱地改良的新方法、新技术和成熟的单项技术进行集成，研究了综合水盐调控下龟裂碱土盐分迁移变化规律，以及对龟裂碱土的改良效果及种植油葵的产量影响，为新垦龟裂碱土水盐调控和可持续发展提供技术支撑。

8.1　结论

以龟裂碱土原土水盐运移特征、地下水埋深和矿化度时空变化为研究重点，分析了地下水矿化度、土壤水盐的动态变化规律，探明了龟裂碱土的性状和改良方法，龟裂碱土在脱硫石膏、糠醛渣、黄沙、深松、砾石暗沟和淋洗综合措施下进行了田间试验，分析土壤理化性质和油葵生长指标，探讨了在改良剂和淋洗条件下土壤有害盐分离子迁移变化特征及水盐调控措施，研究了综合措施的水盐调控技术对宁夏龟裂碱土的改良利用效果，提出龟裂碱土可持续利用的综合水盐调控措施。主要研究结论如下：

（1）龟裂碱土原土土层 0~100 cm 盐分离子以 Na^+、Cl^-、SO_4^{2-}和 HCO_3^-

为主；土壤全盐大于 3 g/kg，碱化度大于 30%，pH 大于 9；土层 0~60 cm 全盐和碱化度变化波动较大，土层 0~20 cm 全盐和碱化度明显高于其他土层；土壤含水率由地表到地下逐渐增加；土壤盐分累积与地下水埋深和蒸发强度密切相关。

（2）龟裂碱土地下水埋深浅，盐分离子以 Na^+、Cl^-、SO_4^{2-}和 HCO_3^-为主；地下水埋深较浅，相应的矿化度较高，盐分离子含量也较高；地下水埋深受灌溉制度影响大。

（3）采用淋洗定额 4 500 m^3/hm^2、深松深度 60 cm、施用脱硫石膏 28 t/hm^2 和糠醛渣 22.5 t/hm^2 改良龟裂碱土效果最佳，土层 0~40 cm 土壤 pH、碱化度和全盐分别下降了 20.9%、72.7%和 70.7%；土层 0~20 cm 土壤 Na^+、Cl^-和 SO_4^{2-}分别下降了 59.3%、85.6%和 63.6%。

（4）砾石暗沟排水排盐解决了龟裂碱土田间排水排盐难的问题，能加快水分下渗速度，加速盐分流失。采用淋洗定额 4 500 m^3/hm^2、施用脱硫石膏 28 t/hm^2、深松深度 60 cm 和暗沟间距 10 m 改良龟裂碱土效果最佳，与 CK1 相比，第 1 年土壤全盐、碱化度和 pH 分别降低了 41.1%、62.6%和 12.1%，第 3 年分别降低了 79.5%、84.0%和 15.3%；油葵产量第 3 年比第 1 年增加了 24.3%。

（5）采用淋洗定额 4 500 m^3/hm^2、施用脱硫石膏 28 t/hm^2、糠醛渣 22.5 t/hm^2、黄沙 120 m^3/hm^2、深松深度 60 cm 和暗沟间距 10 m 综合水盐调控措施改良龟裂碱土效果最好，油葵产量最高。与 CK 相比，土壤入渗率和持水量分别提高 95.8%和 42.7%；第 1 年土层 0~40 cm 土壤全盐和碱化度分别下降了 48.4%和 72.9%，第 3 年分别下降了 85.6%和 90.6%；土层 0~40 cm 土壤 Na^+、Cl^-和 SO_4^{2-}第 1 年分别下降了 91.7%、93.7%和 89.9%，第 3 年分别下降了 98.4%、99.1%和 98.2%；油葵产量第 3 年比第 1 年增加了 22.7%。

综上所述，淋洗定额 4 500 m^3/hm^2，施用脱硫石膏 28 t/hm^2、糠醛渣 22.5 t/hm^2，

黄沙 120 m^3/hm^2、深松深度 60 cm 和暗沟间距 10 m 措施适合龟裂碱土旱田水盐调控，显著改善土壤的理化性质、增强土壤渗透率、持水量和脱盐脱碱率，创造良好的土壤环境，促进油葵的生长发育。

8.2　讨论

国内外学者对盐碱土壤研究悠久，成果丰硕，对土壤盐碱化程度的划分、盐碱地类型的分类和土壤盐碱化的危害性评价，以及对盐碱地改良效果，均以土壤全盐或土壤电导率为衡量指标；专家对一类盐碱地的性质及改良进行研究，而对具体类型的盐碱地研究较少；对具体类型的土壤盐分离子的组成和分布特征，以及土壤盐分离子的危害性没有给予足够的重视；关注土壤盐分总量而忽视了土壤中盐分离子组成和含量，关注土壤表层积盐程度而忽视了各土层盐分以及对作物根系的危害性。因此，今后的研究的方向是对具体类型的盐碱地的盐分离子组成、含量、分布特征、离子间的平衡、对作物的危害性等进行研究，探究具体类型的盐碱地的形成、性质、水盐分布特征和改良方法，建立水盐运移模型。

盐碱地改良是长期的、复杂的、系统的工程。本研究是针对宁夏典型的龟裂碱土的特征，对脱硫石膏和糠醛渣废弃物资源利用，作为龟裂碱土的改良剂，变废为宝，避免环境二次污染。国内外学者对脱硫石膏和糠醛渣改良盐碱地研究已很成熟，对盐碱土壤的水、肥、盐综合调控进行研究，在 0~20 cm 土层创造适宜作物生长的水、肥、盐均衡以及良好的土壤结构的生态环境，促进作物高产、稳产。虽然前人应用脱硫石膏、糠醛渣、淋洗盐分和水盐调控措施在盐碱土改良取得了一定成果，但是有关盐碱胁迫对作物幼苗生长和产量的影响以及与土壤结构、水、盐和碱关系的研究内容依然有待充实。而且裂碱土改良应用的基础研究较少，传统的单一改良技术已经无法满足目前龟裂碱土改良和生产力提升的要求，单盐毒害作物突出和物理性状恶劣是制约其开发利用的主要障碍因子。因此，龟裂碱土需集改、排、防、治为一体的快速高效改良和构建作物根区土壤环境的新技术，研究其对土壤盐碱化防控的机理和效果。

宁夏龟裂碱土显著特点是土壤碱性强、湿时泥泞、干时坚硬，透水性差、“物理性质恶劣”、肥力低，而且地下水埋深较浅，春夏季地下水埋深为 0.6~1.2 m，降水较少，地表蒸发强烈，地下水中的盐分随着毛管水上升，形成盐分“表聚”现象。因而如何调控土壤水盐动态，改善作物生长的土壤理化环境是龟裂碱土改良的关键。

在施用脱硫石膏 28 t/hm^2、糠醛渣 22.5 t/hm^2，淋洗水量 4 500 m^3/hm^2 和深松深度 60 cm 的条件下，土层 0~20 cm 土壤的 pH、碱化度和全盐降低显著，油葵产量增加显著，碱土改良效果明显，表明适当的脱硫石膏、糠醛渣、淋洗量可降低土壤盐分增加油葵产量。但是，施用过量脱硫石膏和糠醛渣，会增加土壤盐分，影响作物正常生长发育。

打破龟裂碱土黏土层、创造良好的土壤环境、提高土壤渗透性的同时，会增加土壤返盐的速度，土壤表层施用黄沙能有效抑制土壤水分蒸发和防止返盐，阻止盐分表面聚积。为了保障土壤的改良效果和可持续利用，在排水畅通的条件下，挖排水沟；在排水不畅通的条件下，建议在田间铺设暗管或打井进行排水，降低地下水埋深。适时调控地下水埋深、保持土壤水盐动态平衡是今后龟裂碱土研究的重点。

本文对原生龟裂碱土和改良龟裂碱土土壤水盐运移的特征、盐分累积规律进行了初步研究，并提出适合宁夏银北龟裂碱土改良水盐调控模式，其结论和成果还需进一步实践和验证。

8.3 创新点

(1) 龟裂碱土旱作改良土层 0~40 cm 土壤盐分明显降低，第 1 年土壤全盐和碱化度分别下降了 48.4%和 72.9%，第 3 年分别下降了 85.6%和 90.6%；土壤有害离子 Na^+、Cl^-和 SO_4^{2-}第 1 年分别下降了 91.7%、93.7%和 89.9%，第 3 年分别下降了 98.4%、99.1%和 98.2%。

（2）提出龟裂碱土砾石暗沟排盐技术，并确定了最佳间距为 10 m。

（3）通过 3 年试验，提出龟裂碱土改良水盐调控的最佳模式为淋洗定额 4 500 m^3/hm^2，施用脱硫石膏 28 t/hm^2、糠醛渣 22.5 t/hm^2、黄沙 120 m^3/hm^2，砾石暗沟间距 10 m 和土壤深松深度 0.6 m。

参考文献

[1] 孙兆军. 银川平原盐碱荒地改良模式研究[D]. 北京:北京林业大学，2011.

[2] QADIR M，SCHUBERT S，GHAFOOR A，et al. Amelioration strategies for sodic soils：A review. Land Degrad. Develop，2001(12)：357–386.

[3] ZHAO C，WANG Y，SONG Y，et al. Biological drainage characteristics of alakalized desert soils in north–weste China [J]. Journal of Arid Environments，2004，56(1)：1–9.

[4] 张体彬，康跃虎. 宁夏银北地区龟裂碱土盐分特征研究 [J]. 土壤，2012，44(6)：1001–1008.

[5] 殷允相. 龟裂碱土的形成、性质及改良途径 [J]. 土壤通报，1985，28(10)：206–208.

[6] 岳强. 盐碱地改良方法研究[J]. 山西水利，2010，26(12)：32–34.

[7] 张江辉. 干旱区土壤水盐分布特征与调控方法研究 [D]. 西安：西安理工大学，2010.

[8] 杨劲松. 中国盐渍土研究的发展历程与展望 [J]. 土壤学报，2008，45(5)：837–845.

[9] QADIR M，GHAFOOR A，MURTAZE G. Use of saline–sodic waters through phytore mediation of calcareous saline –sodic soils [J]. Agricaltural Water Managemeni，2001，50(3)：197–10.

[10] ACHMADI J, MARIKO O, HIDEYASU F. Response of vegetable crops to salinity and sodicity in relation to ionic balance and ability to absorb microelements[J]. Science And Plant Nutrition, 2002,48(2):203-209.

[11] 练国平，曾德超. 河套灌区盐碱化的特点分析和治理措施的探讨[J]. 农业工程学报，1987，3(1)：1-9.

[12] ALEXANDER V, PAULINE N M, NICOLAS G, et al. Seasonal dynamic of a shallow freshwater lens due to irrigationin the coastal plain of Ravenna, Italy [J]. Hydrogeology Journal. 2014(22)：893-909.

[13] 王少丽，王修贵，丁昆仑，等. 中国的农田排水技术进展与研究展望 [J]. 灌溉排水学报，2008，27(1)：108-111.

[14] 于淑会，刘金铜，李志祥，等. 暗管排水排盐改良盐碱地机理与农田生态系统响应研究进展[J]. 中国生态农业学报，2012，20(12)：82-90.

[15] 王少丽，瞿兴业. 盐渍兼治的动态控制排水新理念与排水沟(管)间距计算方法探讨[J]. 水利学报，2008，39(11)：1204-1210.

[16] 王洪义，王智慧，杨凤军，等. 浅密式暗管排盐技术改良苏打盐碱地效应研究[J]. 水土保持研究，2013，20(3)：269-272.

[17] 杨鹏年，刘丰，王水献. 干旱内陆区竖井灌排下土壤碱化风险分析：以新疆哈密盆地为例[J]. 新疆农业大学学报，2008，31(1)：90-92.

[18] 黄国成，马文敏. 农田排水沟(暗管)计算程序设计与应用[J]. 农业科学研究，2007，28(3)：86-88.

[19] 瞿兴业，张友义. 考虑蒸发影响和脱盐要求的田间排水沟(管)间距计算[J]. 水利学报，1981(5)：1-11.

[20] 杨军，孙兆军，刘吉利，等. 脱硫石膏糠醛渣对新垦龟裂碱土的改良洗盐效果[J]. 农业工程学报，2015，31(17)：128-135.

[21] 樊丽琴，杨建国，尚红莺，等. 淋洗水质和水量对宁夏龟裂碱土水盐运移的影响[J]. 水土保持学报，2015(6)：258-262.

[22] 张蕾娜，冯永军，王兆锋. 新型土地复垦基质配比试验及盐分冲洗定额研究[J]. 农业工程学报，2004，20(4)：268-272.

[23] 李法虎，R.Keren，M.Benhur. 暗管排水条件下土壤特性和作物产量的空间变异性分析[J]. 农业工程学报，2003，19(6)：64-69.

[24] 张金龙，张清，王振宇，等. 排水暗管间距对滨海盐土淋洗脱盐效果的影响[J]. 农业工程学报，2012，28(9)：85-89.

[25] 张洁，常婷婷，邵孝侯. 暗管排水对大棚土壤次生盐渍化改良及番茄产量的影响[J]. 农业工程学报，2012，28(3)：81-86.

[26] 田玉福，窦森，张玉广，等. 暗管不同埋管间距对苏打草甸碱土的改良效果[J]. 农业工程学报，2013，29(12)：145-153.

[27] 杨学良. 柴达木盆地内陆盐渍土的冲洗技术 [J]. 水利水电技术，1999，30(2)：35-38.

[28] 罗新正，孙广友. 松嫩平原含盐碱斑的重度盐化草甸土种稻脱盐过程[J]. 生态环境，2004，13(1)：47-50.

[29] 王春娜，宫伟光. 盐碱地改良的研究进展 [J]. 防护林科技，2004，62(5)：38-41.

[30] 王军，顿耀龙，郭义强，等. 松嫩平原西部土地整理对盐渍化土壤的改良效果[J]. 农业工程学报，2014，30(18)：266-275.

[31] 曲璐，司振江，黄彦，等. 振动深松技术与生化制剂在苏打盐碱土改良中的应用[J]. 农业工程学报，2008，24(5)：95-99.

[32] 刘虎俊，王继和，杨自辉，等. 干旱区盐渍化土地工程治理技术研究 [J]. 中国农学通报，2005，21(4)：329-333.

[33] 杨军，孙兆军，罗成科，等. 水盐调控措施改良龟裂碱土提高油葵产量[J]. 农业工程学报，2015(18)：121-128.

[34] 刘长江，李取生，李秀军. 不同耕作方法对松嫩平原苏打盐碱化旱田改良利用效果试验[J]. 干旱地区农业研究，2005(5)：13-16.

[35] 赵亚丽，薛志伟，郭海斌，等. 耕作方式与秸秆还田对土壤呼吸的影响及机理[J]. 农业工程学报，2014，30(19)：155-165.

[36] 胡振琪，CHONG S K. 深耕对复垦土壤物理特性改良的研究 [J]. 土壤通报，1999(6)：248-264.

[37] 苏佩凤，赵淑银，石青. 深耕措施对农田水分利用效率的影响[J]. 内蒙古水利，1999(4)：17-19.

[38] 张博，马晨，马履一，等. 盐土改良中砂柱的作用机理研究 [J]. 农业机械学报，2013，44(6)：122-127.

[39] 宋日权，褚贵新，冶军，等. 掺砂对土壤水分入渗和蒸发影响的室内试验[J]. 农业工程学报，2010，26(Supp.1)：109-114.

[40] 杜社妮，白岗栓，于健，等. 沙封覆膜种植孔促进盐碱地油葵生长 [J]. 农业工程学报，2014，30(5)：82-90.

[41] 姜洁，陈宏，赵秀兰. 农作物秸秆改良土壤的方式与应用现状[J]. 中国农学通报，2008，24(8)：420-423.

[42] 曲学勇，宁堂原. 秸秆还田和品种对土壤水盐运移及小麦产量的影响[J]. 中国农学通报，2009，25(11)：65-69.

[43] CAO J，LIU C，ZHANG W，et al. Effect of integrating straw into agricultural soils on soil infiltration and evaporation [J]. Water Science & Technology，2012，65(12)：2213-2218.

[44] 王婧，逄焕成，任天志，等. 地膜覆盖与秸秆深埋对河套灌区盐渍土水盐运动的影响[J]. 农业工程学报，2012，28(15)：52-59.

[45] 马晨. PCE盐土改良技术中沙柱作用及水盐运移规律研究[D]. 北京林业大学，2011.

[46] V.A.科夫达，I.沙波尔斯，等. 土地盐化和碱化过程的模拟[M]. 中国科学院土壤研究所盐渍地球化学研究室，译. 北京：科学出版社，1986：21-32.

[47] 李焕珍，张中原，梁成华，等. 磷石膏改良盐碱土效果的研究[J]. 土壤通报，

1994, 25(6): 248-251.

[48] 王荣华, 左余宝. 棉田施用磷石膏试验[J]. 中国棉花, 1994, 21(3): 27.

[49] 王宇, 韩兴, 赵兰坡. 硫酸铝对苏打盐碱土的改良作用研究[J]. 水土保持学报, 2006, 20(4): 50-53.

[50] 肖国举, 秦萍, 罗成科, 等. 犁翻与旋耕施用脱硫石膏对改良碱化土壤的效果研究[J]. 生态环境学报, 2010, 19(2): 433-437.

[51] 肖国举, 罗成科, 张峰举, 等. 脱硫石膏施用时期和深度对改良碱化土壤效果的影响[J]. 干旱地区农业研究, 2009, 27(6): 197-202.

[52] 肖国举, 张萍, 郑国琦, 等. 脱硫石膏改良碱化土壤种植枸杞的效果研究.环境工程学报[J], 2010, 10(4): 2315-2320.

[53] 肖国举, 罗成科, 白海波, 等. 脱硫石膏改良碱化土壤种植水稻施用量研究[J]. 生态环境学报, 2009, 18(6): 2376-2380.

[54] 张俊华, 孙兆军, 贾科利, 等. 燃煤烟气脱硫废弃物及专用改良剂改良龟裂碱土的效果[J]. 西北农业学报, 2009, 18(5): 208-212.

[55] 温国昌, 徐彦虎, 林启美, 等. 草木樨与脱硫石膏对盐渍化土壤的改良培肥作用与效果[J]. 干旱地区农业研究, 2016(1): 81-86.

[56] 王金满, 杨培岭, 张建国. 脱硫石膏改良碱化土壤过程中的向日葵苗期盐响应研究. 农业工程学报, 2005, 21(9): 33-37.

[57] 许清涛, 李玉波, 李晓东. 脱硫石膏改良碱化土壤试验研究 [J]. 中国农机化, 2011, 238(6): 126-130.

[58] CHUN S, NISHIYAMA M, MATSUMOTO S. Sodic soils reclaimed with by-product from flue gas desulfurization: Corn production and soil quality[J]. Environmental Pollution, 2001, 114(8): 453-459.

[59] SAKAI Y, MATSUMOTO S, SADAKATA M. Alkali soil reclamation with flue gas desulfurization gypsum in China and assessment of metal content in corn grains[J]. Soil &Sediment Contamination, 2004, 13(1): 65-80.

[60] CLARK R B, RITCHEY K D, BALIGAR V C. Benefits and constraints for use of FGD products on agricultural land[J]. Fuel, 2001(80): 821-828.

[61] SIMS J T, VASILAS B L, GHODRATI M. Evaluation of fly ash as a soil amendment for the Atlantic coastal plain: Soil chemical properties and crop growth[J]. Water, Air and Soil Pollution, 1995, 81(3/4): 363-372.

[62] 王静，许兴，肖国举，等. 脱硫石膏改良宁夏典型龟裂碱土效果及其安全性评价[J]. 农业工程学报，2016，32(2)：141-147.

[63] 胡树森. 增施糠醛渣改良岗底碱土的试验[J]. 土壤，1987，15(3)：130-134.

[64] 杨柳青，付明鑫. 糠醛渣对苏打盐渍土的改良效果研究 [J]. 环境工程，1999，17(3)：54-55.

[65] 罗成科，吕雯，许兴，等. 利用糠醛渣改良银川北部碱化土壤的效果 [J]. 江苏农业科学，2008(3)：232-234.

[66] 秦嘉海，吕彪，南永慧，等. 糠醛渣的改土增产效应 [J]. 土壤通报，1994，25(5)：237-238.

[67] 唐世荣，矶 Wilke B M. 植物修复技术与农业生物环境工程[J]. 农业工程学报,1999，15(2)：21-26.

[68] QADIR M, OSTER QADIR J D. Vegetative bioremediation of calcareous sodic soils:history, mechanisms, and evaluation[J]. Irrigation Science. 2002.

[69] 赵可夫，范海，江行玉，等. 盐生植物在盐渍土壤改良中的作用 [J]. 应用与环境生物学报，2002，8(1)：31-35.

[70] SHEKHAWAT V P S, KUMAR A, NEUMANN K H. Bio- recalmation of Secondary Salinized Soils Using Halophytes [G]//Biosaline Agriculture and Salinity Tolerance in Plants Section III. Basel, Swizerland: Birkhauser Verlag, 2006: 147-154.

[71] AKHTER J, MURRAY R, MAHMOOD K. Improvement of Degraded Physical Proper-ties of a Saline-Sodic Soil by Reclamation with Kallar Grass

(Leptochloa Fusca)[J]. Plant Soil, 2004, 258: 207–216.

[72] 王学全，高前兆，卢琦. 内蒙古河套灌区水盐平衡与干排水脱盐分析[J]. 地理科学，2006(4)：455–460.

[73] RAVINDRAN K C, VENKATESAN K, BALAKRISHNAN V. Restoration of Saline Land by Halophytes for Indian Soils[J]. Soil Biology & Biochemistry, 2007, 39: 2661–2664.

[74] AKHTER J, MAHMOOD K, MALIK K A. Amelioration of a Saline Sodic Soil Through Cultivation of a Salt–Tolerant Grass (Leptochloa Fusca) [J]. Environ Conserv, 2003, 30: 168–174.

[75] BARRETT–LENNARD E G. Restoration of Saline Land Through Revegetation [J]. Agricultural Water Management, 2002, 53: 213–226.

[76] 罗廷彬，任崴，李彦，等. 北疆盐碱地采用生物措施后的土壤盐分变化[J]. 土壤通报，2005，36(3)：304–308.

[77] BATRA L, KUMAR A, MANNA M C. Microbiological and Chemical Amelioration of Alkaline Soil by Growing Karnal Grass and Gypsum Application[J]. Exp Agric, 1997, 33: 389–397.

[78] 谷思玉，聂艳龙，何鑫，等. 生物有机肥对盐渍土改良效果评价 [J]. 东北农业大学学报，2015，46(8)：38–43.

[79] 蒋鹏文，周宏飞，邵春琴，等. 生物排盐改良利用盐渍土的研究展望 [J]. 人民黄河，2013，35(3)：71–75.

[80] WLODARCZYK T, STEPNIEWSKI W, BRZEZINSKA M. Dehydrogenase Activity, Redox Potential, and Emissions of Carbon Dioxide and Nitrous Oxide from Cambisols Under Flooding Conditions [J]. Biol Fertil Soils, 2002, 36: 200–206.

[81] CZARNES S, HALLETT P D, BENGOUGH A G. Root and Microbial–Derived Mucilages Affect soil Structure and Water Transport[J]. Eur J Soil Sci,

2000, 51: 435–443.

[82] YUNUSA I A M, NEWTON P J. Plants for a Melioration of Subsoil Constraints and Hydrological Control: The Primer–Plant Concept [J]. Plant Soil, 2003, 257: 261–281.

[83] 任崴，罗廷彬，王宝军，等. 新疆生物改良盐碱地效益研究[J].干旱地区农业研究，2004，22(4)：211–214.

[84] 佟国良，张继宏，须湘成，等. 几种主要作物根、茎、叶等生物量构成的研究[J]. 土壤通报，1988(3)：21–23.

[85] 石元春，李韵珠，陆锦文. 盐渍土的水盐运动[M]. 北京：北京农业大学出版社，1986：9–21.

[86] 李保国，李韵珠，石元春. 水盐运动研究30年(1973—2003)[J]. 中国农业大学学报，2003，8(Z1)：5–19.

[87] DANE J H, PUEKETT W E. Field soil hydrau1ic properties based on physica1 and mineralogical information.p.389 — 403.InM.Th.van Genuehten er al.(ed.) Proe. Int. Worksh. Indirect methods for estimating the hydraulic Properties of unsaturated soils. Univ.of California, Riverside, 1992.

[88] BEAR J, TODD D K. The transition zone between fresh and salt waters in coastal aquifers. University of Califonia Water resource Center Contrlb, 1960, No.29.

[89] LINDSTROM F T, BOERSMA L. A theory on the mass transport of previously: distributed chemicals in a water saturated sorbing Porousmedium. soilseienee, 2000, 11: 192–199.

[90] RAO P C, GREEN R E, AHUJIA L R, et al. Evaluation of a caplillary bundlc model for deseribing solute Dispersion in aggregated soils. SoilsSei.Soe. Am.J, 1976, 40: 815–820.

[91] JORDAN M M, NAVARRO–PEDRENO J E, GARCIA–SANCHEZ, et al. Spatial dynamics of soil salinity under arid and semi–arid conditions: geological

and environmental implications[J]. Environmental Geology, 2004, 45: 448-456.

[92] 寇小华，王文，郑国权. 土壤水分入渗模型的研究方法综述[J]. 亚热带水土保持，2013，25 (3)：53-55.

[93] 尤文瑞. 盐碱土水盐动态的研究[J]. 土壤学进展，1984，12(3)：1-14.

[94] 王福利. 用数值模拟方法研究土壤盐分动态规律 [J]. 水利学报，1991(1)：1-9.

[95] 郭瑞，冯起，司建华，等. 土壤水盐运移模型研究进展[J]. 冰川冻土，2008，30(3)：527-534.

[96] 胡安焱，高瑾，贺屹，等. 干旱内陆灌区土壤水盐模型 [J]. 水科学进展，2002，13(6)：726-729.

[97] 吕殿青，王全九，王文焰，等. 膜下滴灌水盐运移影响因素研究 [J]. 土壤学报，2002，39(6)：794-801.

[98] 吕殿青，王全九，王文焰，等. 一维土壤水盐运移特征研究 [J]. 水土保持学报，2000，14(4)：91-95.

[99] 徐力刚，杨劲松，张妙仙. 土壤水盐运移的简化数学模型在水盐动态预报上的应用研究[J]. 土壤通报，2004，35(1)：8-11.

[100] 李亮，史海滨，贾锦凤，等. 内蒙古河套灌区荒地水盐运移规律模拟[J]. 农业工程学报，2010，26(1)：31-35.

[101] 徐旭，黄冠华，黄权中. 农田水盐运移与作物生长模型耦合及验证[J]. 农业工程学报，2013，29(4)：110-117.

[102] 乔冬梅，史海滨，霍再林. 浅地下水埋深条件下土壤水盐动态 BP 网络模型研究[J]. 农业工程学报，2005，21(9)：42- 46.

[103] 彭振阳，黄介生，伍靖伟，等. 秋浇条件下季节性冻融土壤盐分运动规律[J]. 农业工程学报，2012，28(6)：77-81.

[104] 郭太龙，迟道才，王全九. 入渗水矿化度对土壤水盐运移影响的试验研究[J]. 农业工程学报，2005，21(Supp.1)：84-87.

[105]陈丽湘，刘伟. 土壤次生盐渍化之水盐运动规律研究[J]. 工程热物理学报，2006，27(3)：465–468.

[106]史文娟，沈冰，汪志荣，等. 夹砂层状土壤潜水蒸发特性及计算模型[J]. 农业工程学报，2007，23(2)：17– 20.

[107]叶自桐. 利用盐分迁移函数模型研究入渗条件下土层的水盐动态[J]. 水利学报，1990(2)：1–9.

[108]刘炳成，李庆领. 土壤中水、热、盐耦合运移的数值模拟[J]. 华中科技大学学报，2006，34(1)：14–16.

[109]刘福汉，王遵亲. 潜水蒸发条件下同质地剖面的土壤水盐运动[J]. 土壤学报，1993(2)：173–181.

[110]陈丽娟，冯起，王昱，等. 微咸水灌溉条件下含黏土夹层土壤的水盐运移规律[J]. 农业工程学报，2012，28(8)：44–51.

[111]余世鹏，杨劲松，刘广明. 易盐渍区黏土夹层对土壤水盐运动的影响特征[J]. 水科学进展，2011，22(4)：495–500.

[112]史文娟，沈冰，汪志荣，等. 蒸发条件下浅层地下水埋深夹砂层土壤水盐运移特性研究[J]. 农业工程学报，2005，21(9)：23–26.

[113]宋日权，褚贵新，张瑞喜，等. 覆砂对土壤入渗，蒸发和盐分迁移的影响[J]. 土壤学报，2012，49(2)：282–288.

[114]王振华，吕德生，温新明，等.新疆棉田地下滴灌土壤水盐运移规律的初步研究[J]. 灌溉排水学报，2005，24(5)：22–28.

[115]牟洪臣，虎胆·吐马尔白，苏里坦，等. 干旱地区棉田膜下滴灌盐分运移规律[J]. 农业工程学报，2011，27(7)：18–22.

[116]周和平，王少丽，姚新华，等. 膜下滴灌土壤水盐定向迁移分布特征及排盐效应研究[J]. 水利学报，2013，44(11)：1380–1388.

[117]孙海燕，王全九，彭立新，等. 滴灌施钙时间对盐碱土水盐运移特征研究[J]. 农业工程学报，2008，24(3)：53–58.

[118]王相平，杨劲松，姚荣江，等. 苏北滩涂水稻微咸水灌溉模式及土壤盐分动态变化[J]. 农业工程学报，2014，30(7)：54-63.

[119]吴漩，郑子成，李廷轩，等. 不同灌水量下设施土壤水盐运移规律及数值模拟[J]. 水土保持学报，2014，28(2)：63-68.

[120]方汝林. 土壤冻结、消融期水盐动态的初步研究[J]. 土壤学报，1982,5(2)：164-172.

[121]郑冬梅. 松嫩平原盐渍土水盐运移的节律性研究[D]. 长春：东北师范大学，2005.

[122]吴谋松，王康，谭霄，等. 土壤冻融过程中水流迁移特性及通量模拟[J]. 水科学进展，2013,24(4)：543-550.

[123]刘广明，杨劲松. 地下水作用条件下土壤积盐规律研究[J]. 土壤学报，2003，40(1)：65-69.

[124]赵永敢，王婧，李玉义，等. 秸秆隔层与地覆膜盖有效抑制潜水蒸发和土壤返盐[J]. 农业工程学报，2013，29(23)：109-117.

[125]解建仓，韩霁昌，王涛，等. 蓄水和蒸发条件下土壤过渡层中水盐运移规律研究[J]. 水利学报，2010，41(2)：239-244.

[126]郭文聪，樊贵盛. 原生盐碱荒地的盐分积累与运移特性[J]. 农业工程学报，2011，27(3)：84-88.

[127]YAN J F，CHEN X，LUO G P，et al. Temporal and spatial variability response of groundwater level to land use/land cover change in oases of arid areas[J]. Chinese Science Bulletin，2006，51(Supp.I)：51-59.

[128]XIAO D N，LI X Y，SONG D M. Temporal and spatial dynamical simulation of groundwater characteristics in Minqin Oasis[J]. Sci China Ser D-Earth Sci，2007，50(2): 261-273.

[129]李小玉，宋冬梅，肖笃宁. 石羊河下游民勤绿洲地下水矿化度的时空变异[J]. 地理学报，2005，60(2)：319-327.

[130]王水献，王云智，董新光，等. 开孔河流域浅层地下水矿化度时空变异及特征分析[J]. 水土保持研究，2007，14(2)：293–296.

[131]姚荣江，杨劲松. 黄河三角洲地区浅层地下水与耕层土壤积盐空间分异规律定量分析[J]. 农业工程学报，2007，23(8)：45–51.

[132]杜军，杨培岭，李云开，等. 河套灌区年内地下水埋深与矿化度的时空变化[J]. 农业工程学报，2010，26(7)：26–30.

[133]王卫光，薛绪掌，耿伟. 河套灌区地下水位的空间变异性及其克里金估值[J]. 灌溉排水学报，2007，26(1)：18–21.

[134]岳勇，郝芳华. 内蒙古河套灌区地下水矿化度的时空变异特征[J]. 内蒙古环境科学，2009，21(4)：97–90.

[135]苏里坦. 玉龙喀什河平原区地下水矿化度的时空变异研究[J]. 干旱区研究，2005，22(4)：442–447.

[136]杨军，孙兆军，王旭. 龟裂碱土地下水埋深、矿化度和盐分离子年内时空变化特征研究[J]. 节水灌溉，2016(3)：45–48.

[137]李山，罗纨，贾忠华，等. 灌区地下水控制埋深与利用量对洗盐周期的影响[J]. 水利学报，2014，45(8)：950–957.

[138]李新波，郝晋珉，胡克林，等. 集约化农业生产区浅层地下水埋深的时空变异规律[J]. 农业工程学报，2008，24(4)：95–98.

[139]胡克林，陈海玲，张源沛，等. 浅层地下水埋深、矿化度及硝酸盐污染的空间分布特征[J]. 农业工程学报，2009，25(Supp.1)：21–25.

[140]孙月，毛晓敏，杨秀英，等. 西北灌区地下水矿化度变化及其对作物的影响[J]. 农业工程学报，2010，26(2)：103–108.

[141]胡克林，李保国，陈德立. 区域浅层地下水埋深和水质的空间变异性特征[J]. 水科学进展，2000(11)：408–414.

[142]TANJI K K. Nature and extent of agricultural salinity [A]. In：Tanji，K. K. Agricultural Salinity Assessment and Management，Manuals and Reports on

Engineering Practices NO. 71 [C].New York: American Society of Civil Engineers, 1990.

[143]JORDÁN M M, NAVARRO-PEDREÑO J, GARCÍA-SÁNCHEZ E, et al. Spatial dynamics of soil salinity under arid and semi-arid conditions: geological and environmental implications[J]. Environmental Geology, 2004, 45: 448-456.

[144]CONDON L E, MAXWELL R M. Groundwater-fed irrigation impacts spatially distributed temporal scaling behavior of the natural system: a spatio-temporal framework for understanding water management impacts [J]. Environmental Research Letters, 2014, 9(3): 156-166.

[145]GARDNER W S. Some steady state solution of the unsaturated moisture flow equation with applieation to evaporation from awatertable. 1958, Soil. Sic. 85.

[146]唐海行，苏逸深，张和平. 潜水蒸发的实验研究及其经验公式的改进[J]. 水利学报，1989 (10): 37-44.

[147]叶水庭,施鑫源,苗晓芳. 用潜水蒸发经验公式计算给水度问题的分析[J]. 水文地质工程地质，1982(4):45-48.

[148]沈立昌. 关于地下水长观资料的分析计算[J]. 徐州水科所，1979(7): 22-30.

[149]张朝新. 潜水蒸发系数分析[J]. 水文，1984(6) : 35-39.

[150]雷志栋，杨诗秀,谢森传. 潜水稳定蒸发的分析与经验公式[J]. 水利学报，1984 (8): 60-64.

[151]赵成义，胡顺军，刘国庆，等. 潜水蒸发经验公式分段拟合研究[J]. 水土保持学报，2000，14(5): 122-126.

[152]孔凡哲，王晓赞. 利用土壤水吸力计算潜水蒸发初探[J]. 水文，1997(3): 44-47.

[153]孙明，薛明霞，五立琴. 潜水蒸发与埋深关系模型研究[J]. 山西水利科技，2003(3): 16-18.

[154]刘广明，杨劲松. 土壤蒸发量与地下水作用条件的关系[J]. 土壤，2002(3):

141−144.

[155]胡顺军，康绍忠，宋郁东，等. 塔里木盆地潜水蒸发规律与计算方法研究[J]. 农业工程学报，2004，20(2)：49−53.

[156]张德强，邵景力，李慈君，等. 地下水浅埋区土壤水的矿化度变化规律及其影响因素浅析[J]. 水文地质工程地质，2004(1)：52−56.

[157]孔繁瑞，屈忠义，刘雅君，等. 不同地下水埋深对土壤水、盐及作物生长影响的试验研究[J]. 中国农村水利水电，2009(5)：44−48.

[158]王晓红，侯浩波. 浅地下水对作物生长规律的影响研究[J]. 灌溉排水学报，2006，25(3)：13−16.

[159]王希义，徐海量，潘存德，等. 塔里木河下游优势草本植物与地下水埋深的关系[J]. 中国沙漠，2016(1)：216−224.

[160]邓宝山，瓦哈甫·哈力克，党建华，等. 克里雅绿洲地下水埋深与土壤盐分时空分异及耦合分析[J]. 干旱区地理，2015，38(3)：599−607.

[161]常春龙. 河套灌区农田生态地下水埋深及不同种植模式作物最适灌水量研究[D]. 呼和浩特：内蒙古农业大学，2015.

[162]樊自立，陈亚宁，李和平，等. 中国西北干旱区生态地下水埋深适宜深度的确定[J]. 干旱区资源与环境，2008，22(2)：1−5.

[163]任理，王济，秦耀东. 非均质土壤饱和稳定流中盐分迁移的传递函数模拟[J]. 水科学进展，2000(11)：392−400.

[164]王友贞，王修贵，汤广民. 大沟控制排水对地下水水位影响研究[J]. 农业工程学报，2008，24(6)：74−77.

[165]樊贵盛，郑秀清，潘光在. 地下水埋深对冻融土壤水分入渗特性影响的试验研究[J]. 水利学报，1999(3)：21−26.

[166]陈亚新，史海滨，田存旺. 地下水与土壤盐渍化关系的动态模拟[J]. 水利学报，1997(5)：77−83.

[167]尚松浩，雷志栋，杨诗秀，等. 冻融期地下水位变化情况下土壤水分运动的

初步研究[J]. 农业工程学报，1999，15(2)：64–68.

[168]杨建强，罗先香. 土壤盐渍化与地下水动态特征关系研究[J]. 水土保持通报，1999，19(6)：11–15.

[169]左强，李保国，杨小路. 蒸发条件下地下水对 1 米土体水分的补给[J]. 中国农业大学学报，1999，(4)：37–42.

[170]KARIM Z，HUSSAIN S G，AHMED M. Salinity problems and crop intensification in the coastal regions of Bangladesh [A]. Soils publication No.33 [M]. Farmgate，Dhaka 1215，Bangladesh：BARC，Soils and Irrigation Division，1990：1–20.

[171]SARKAR S，PARAMANICK M，GOSWAMI S B. Soil temperature，water use and yield of yellow sarson （Brassica napus L. var. glauca）in relation to tillage intensity and mulch management under rainfed lowland ecosystem in eastern India[J]. Soil and Tillage Research，2007，93(1)：94–101.

[172]路浩，王海泽. 盐碱土治理利用研究进展[J]. 现代化农业，2004(8)：10–13.

[173]余世鹏，杨劲松，刘广明. 不同水肥盐调控措施对盐碱耕地综合质量的影响[J]. 土壤通报，2011，42(4)：942–947.

[174]王翔. 盐碱土种稻控制土壤次生盐渍化措施及作用的剖析[J]. 黑龙江农业科学，1991(2)：35–39.

[175]马晨，马履一，刘太祥，等. 盐碱土改良利用技术研究进展[J]. 世界林业研究，2010，23(2)：28–32.

[176]陈恩凤，王汝庸，王春裕. 改良盐碱土为什么要采取以水肥为中心的综合措施[J]. 新疆农业科学，1981(6)：19–21.

[177]孙甲霞，康跃虎，胡伟，等. 滨海盐渍土原土滴灌水盐调控对土壤水力性质的影响[J]. 农业工程学报，2012，28(3)：107–112.

[178]刘广明，杨劲松，吕真真，等. 不同调控措施对轻中度盐碱土壤的改良增产效应[J]. 农业工程学报，2011，27(9)：164–169.

[179]张蔚榛，张瑜芳. 对灌区水盐平衡和控制土壤盐渍化的一些认识[J]. 中国农村水利水电，2003(8)：13-18.

[180]姚荣江，杨劲松，赵秀芳，等. 水盐调控措施对苏北海涂油葵生长及土壤盐分分布的影响[J]. 灌溉排水学报，2013，32(1)：5-9.

[181]张建兵，杨劲松，李芙荣，等. 有机肥与覆盖对苏北滩涂重度盐渍土壤水盐调控效应分析[J]. 土壤学报，2014，51(1)：184-188.

[182]汪林，甘泓，于福亮，等. 论银北灌区的盐害指标与排引比[J]. 地球学报，2001，22(1)：91-96.

[183]钟瑞森，郝丽娜，包安明，等. 干旱内陆河灌区地下水位调控措施及其效应[J]. 水力发电学报，2012，31(4)：65-71.

[184]王水献，董新光，吴彬，等. 干旱盐渍土区土壤水盐运动数值模拟及调控模式[J]. 农业工程学报，2012，28(13)：142-148.

[185]曹丽萍. 苏达盐渍土种稻“浅晒浅湿”型节水灌溉栽培技术[J]. 中国稻米，2005(3)：31-32.

[186]于淑会，韩立朴，高会，等. 高水位区暗管埋设下土壤盐分适时立体调控的生态效应[J]. 应用生态学报，2016，27(4)：1061-1068.

[187]田世英，罗纨，贾忠华. 控制排水对宁夏银南灌区水稻田盐分动态变化的影响[J]. 水利学报，2006，37(11)：1309-1314.

[188]王水献，董新光，吴彬，等. 干旱盐渍土区土壤水盐运动数值模拟及调控模式[J]. 农业工程学报，2012，28(13)：142-148.

[189]王若水，康跃虎，万书勤，等. 水分调控对盐碱地土壤盐分与养分含量及分布的影响[J]. 农业工程学报，2014，30(14)：96-104.

[190]彭世彰，张秀勇，刘广明. 稻田土壤中控制灌溉+淋洗水分的节水抑盐效率分析[J]. 土壤，2002(6)：315-318.

[191]刘广明，彭世彰，杨劲松. 不同控制灌溉方式下稻田土壤盐分动态变化研究[J]. 农业工程学报，2007，23(7)，86-89.

[192]赵永敢. 上膜下秸调控河套灌区盐渍土水盐运移过程与机理[D]. 北京:中国农业科学院，2014.

[193]徐力刚，杨劲松，张妙仙，等. 微区作物种植条件下不同调控措施对土壤水盐动态的影响特征[J]. 土壤，2003，35(3)：227-231.

[194]张体彬，康跃虎，胡伟，等. 基于主成分分析的宁夏银北地区龟裂碱土盐分特征研究[J]. 干旱地区农业研究，2012，30(2)：39-46.

[195]王智明，张峰举，许兴. 耕作年限对龟裂碱土无机碳空间分布特征的影响[J]. 西南农业学报，2014，27(2)：719-723.

[196]薛铸，万书勤，康跃虎，等. 龟裂碱土沙质客土填深对蔬菜作物生长的影响[J]. 节水灌溉，2014(1)：5-8.

[197]薛铸，万书勤，康跃虎，等. 龟裂碱土沙质客土填深和秸秆覆盖对作物生长的影响[J]. 灌溉排水学报，2014，33(1)：38-41.

[198]刘吉利，吴娜. 龟裂碱土对不同基因型甜高粱幼苗生长和生理特性的影响[J]. 草业学报，2014，23(5)：208-213.

[199]张俊华，贾科利，李明. 龟裂碱土对植被冠层光谱特征及长势预测的影响[J]. 农业工程学报，2013，29(14)：147-155.

[200]孙兆军，赵秀海，王静，等. 脱硫石膏改良龟裂碱土对枸杞根际土壤理化性质及根系生长的影响[J]. 林业科学研究，2012，25(1)：107-110.

[201]李法虎. 土壤物理化学[M]. 北京：化学工业出版社，2006.

[202]郭全恩. 土壤盐分离子迁移及其分异规律对环境因素的响应机制[D]. 咸阳：西北农林科技大学，2010.

[203]孙启忠，乔秉钧. 盐分胁迫下植物对离子的吸收及其危害[J]. 北方水稻，1992(1):1-4.